소리 없이 세상을 움직인다

한국의 월드 베스트

소리 없이 세상을 움직인다 | **철강**

2004년 1월 30일 1쇄 발행

지 은 이 송성수
펴 낸 이 이원중
편 집 최순애, 여미숙, 박형록, 임소영
마 케 팅 권장규
펴 낸 곳 지성사
출판등록일 1993년 12월 9일
등록번호 제10 - 916호
주 소 (121 - 854) 서울시 마포구 신수동 88-131호
전 화 (02) 716 - 4858
팩 스 (02) 716 - 4859
홈페이지 www.jisungsa.co.kr
이 메 일 jisungsa@hanmail.net

ISBN 89-7889-096-2
ISBN 89-7889-095-4(set)

이 시리즈는 NAE 한국공학한림원과 지성사 가 공학기술 정보 보급과 대중화를 위하여 기획, 발간하였습니다.

소리 없이 세상을 움직인다

송성수 지음

지성사

발간에 부처

우리나라는 1960년대에 시작한 중화학공업 육성정책에 힘입어 1970년대에 비약적인 경제발전을 이룩하였으며, 이를 토대로 1995년에는 꿈의 국민소득 1만 달러를 달성하였다. 그러나 지난 8년간 우리는 불행하게도 '마의 1만 달러 수렁'에 빠져 헤어나지 못하였으며, 급기야 1997년에는 'IMF 금융통치'라는 치욕적인 수모를 겪기도 하였다.

늦어도 2010년까지 우리 국민소득이 2만 달러대를 넘어서지 못하면 우리나라는 남미 국가들처럼 성장의 역동성을 잃고 쇠락할 수밖에 없다. 그래서 국민소득 2만 달러 시대를 달성하기 위한 전략목표로 10대 성장동력과 10대 글로벌기업 육성의 필요성을 강조하고 있다.

그러나 어려운 상황에서도 몇몇 수출주력산업은 호조를 보여 어려운 우리 경제에 버팀목 역할을 다하고 있음은 다행스러운 일이다. 이는 WTO로 대변되는 글로벌 경제체제에서 산업은 국내가 아닌 세계에서 경쟁력을 갖추어야 살아남을 수 있음을 시사하는 것으로, 대외 의존도가 높은 우리 경제의 경우 더욱 절실하다.

따라서, 세계 일등 상품, 치열한 경쟁을 뚫고 세계시장에서 선두를 차지하고 있는 우리 상품을 선정하여, 어떤 경영 전략하에 어떤 기술로 어떻게 만들어 세계시장을 석권하였는지 살피고, 이에 도달하기까지 숨은 엔지니어들의 노력과 땀을 돌아봄으로써 앞으로 우리 산업발전의 금과옥조로 삼아야 할 것이다.

이러한 내용을 가능한 한 쉽게 기술하여 일반 독자에게 전달하고자, 한국공학한림원이 '월드 베스트 시리즈'를 기획하였으며, 산업자원부 지원으로 지성사에서 출판하게 되었다. 이 시리즈에 담은 월드 베스트 상품들은 한국공학한림원의 각 회원사로부터 추천을 받거나 산업자원부가 선정한 세계 일류 상품 목록을 참조하여 한국공학한림원의 월드 베스트 기획위원회에서 최종 선정하였다. 그 결과 우선 세계시장에서 매출액 1위를 차지하고 있는 반도체, CDMA 단말기, LNG선 세 품목에다, 세계시장 점유율 3위(2002년 기준)인 철강(포스코)과, 자동차를 포함시켰다. 자동차는 현재 생산량기준 세계 6위라 많은 논란이 있었지만 우리 경제, 특히 무역수지에 미치는 영향과 자동차에 연계된 광범위한 전후방 산업을 감안한 결과 넣지 않을 수 없었다.

각 항목에 대한 글은 연구나 취재를 통하여 오랫동안 깊이 다루어 온 전문가에게 의뢰하였으며, 그에 대한 감수는 한국공학한림원 출판위원들이 전공에 따라 분담하였다. 또한 관련 회사로부터 자료를 지원 받았으며, 관련 전문가로부터 자문을 구하였다.

이 책들이 우리나라 세계 일등 상품과 기술에 대한 국민의 이해를 돕고, 국민소득 2만 달러로 가는 길에 힘이 되어주기를 바라면서 발간사를 가름한다.

한국공학한림원 회장 이기준

산업자원부 장관 이희범

머리말

"소리 없이 세상을 움직입니다." 이 말은 우리나라의 대표적 철강업체인 포스코(POSCO)가 몇 년 전부터 광고 문구로 사용하고 있다. 철강이 중간 소재로서 눈에 띄지는 않지만 다른 산업의 발전과 생활수준의 향상에 크게 기여하고 있다는 뜻이다. 동시에 포스코가 기여도에 비해 널리 알려져 있지 않다는 반성의 뜻도 담고 있는 것으로 보인다.

아직도 일반인들에게는 포스코보다는 포항제철이 더욱 익숙한 것 같다. 포항제철은 1968년에 공기업으로 창립된 후 1970년대의 포항제철소 건설사업과 1980년대의 광양제철소 건설사업을 통해 세계적인 철강업체로 부상하였고 2000년에 민영화된 후 2002년에 포스코로 이름을 바꾸었다. 포스코는 1998년, 1999년, 2001년에 생산규모에서 세계 1위의 철강업체가 되기도 했다. 포스코는 우리가 자랑할 만한 기업임에 틀림없다.

이 책은 포스코의 성장과 기술발전에 대한 역사적 기록에 해당한다. 역사가 "사람들의 이야기"를 뜻하듯이, 역사적 접근은 우리가 뭔가를 알고 싶어할 때 부담 없이 사용하는 방법이다. 동시에 역사적 접근은 지금의 상황을 다른 각도에서 볼 수 있게 한다. 지금은 자연스럽게 보이는 것에도 숱한 우여곡절이 있었으며 세상이 반드시 지금처럼 존재해야 하는 것도 아니다.

이 책은 기업이라는 렌즈를 통해 한국의 현대사에 접근하는 특징을 가지고 있으며 기술발전이 필수적으로 다루어져야 한다는 점을 강조하고 있다. 하나의 기업을 통해 한국 현대사의 모든 것을 알 수는 없겠지만 몇 가지 중요한 단면은 이해할 수 있으리라 생각한다. 이 책은 주로

1970년대부터 1990년대까지를 다루고 있기 때문에 본문에서는 포스코 대신에 포항제철이란 용어를 택했다.

철강산업을 연구하는 동안 많은 선생님들께서 도와 주셨다. 김영식 선생님, 임경순 선생님, 김근배 선생님께서는 필자가 박사학위논문을 완성하는 데 격려와 비판을 아끼지 않으셨다. 포항제철과 인생을 함께 해 오신 선배 기술자들께서는 인터뷰에 응해 주시느라 고생하셨다. 특히 백덕현 선생님, 이일옥 선생님, 신영길 선생님께 감사드리고 싶다.

이 책을 준비하는 과정에서도 많은 분들의 도움이 있었다. 무엇보다도 이 책에 대한 지원을 아끼지 않으신 산업자원부, 한국공학한림원, 지성사의 관계자 분들께 감사드린다. 과학기술정책연구원의 최영락 원장님과 과학저술가이신 이인식 선생님께서는 이 책을 기획하는 과정에서 도움을 주셨고, 포스코의 조청명 팀장님과 김보성 대리님께서는 자료 수집에 협조해 주셨다. 필자를 너무도 잘 이해해 주는 이윤주와 송영은에게도 고마움을 전한다.

아무쪼록 이 책이 소기의 성과를 달성하여 도움을 주셨던 분들께 누가 되지 않았으면 한다. 이 책에서 발견되는 오류는 전적으로 필자의 책임이다. 독자 분들의 관심과 충고를 기대한다.

2004년 1월 송성수

3부 광양제철소의 건설과 기술추격

1부 철강산업의 이해

1

iron and steel

한국의 산업화와 철강산업

1960년만 해도 우리나라는 매우 가난한 국가였다. 당시에 우리나라의 국민 1인당 총생산액은 79달러로서 아프리카 수단보다 적었고 남미에 있는 멕시코의 3분의 1에도 미치지 못했다. 이러한 상황은 1962년부터 경제개발 5개년 계획이 추진되면서 급속히 변하기 시작했다. 우리나라도 본격적인 산업화 국면에 접어든 것이었다. 1960년대에는 경공업이 주로 발전하였고 1970년대 이후에는 중화학공업이 뒤를 이었다.

선진국이 이미 18세기 중엽부터 산업화를 경험했다는 점을 감안한다면 한국의 산업화는 200년이나 늦게 시작되었다고 볼 수 있다. 그러나 우리나라는 매우 빠른 속도로 산업화가 전개되어 지금은 몇몇 산업에서 선진국과 대등한 위치를 차지하게 되었다. 세계사적인 관점에서 본다면 1960년대 이후의 급속한 산업화를 '한국의 산업혁명'으로 부를 수 있을 것이다.

다른 나라와 마찬가지로 우리나라의 산업화 과정에서도 철강산업이 중요한 역할을 담당해 왔다. 지금은 반도체가 '산업의 쌀'로 불리고 있지만 사실상 그 원조는 철강이다. 철강은 건설 · 조선 · 자동차 · 가전산업 등의 발전에 필수적인 소재이기 때문에 철강산업은 산업 중에서도 근본이 되는 '기간산업(基幹産業)'의 성격을 띠는 것이다. 산업화에 착수한 대부분의 나라들이 제철소를 먼저 세우려고 하는 것도 이러한 까닭이다.

철강산업과 다른 산업은 서로를 보완하는 관계에 놓여 있다. 효과적인 산업화를 위해서는 적절한 철강재가 공급되어야 하며, 역으로 다른 산업의 발전은 철강산업의 성장을 촉진하는 거름이 되는 것이다. 우리나라의 경우에는 이러한 선(善)순환의 관계가 계속해서 형성되어 왔기 때문에 급속한 산업화를 이룰 수 있었다.

철강산업은 우리나라 산업의 역사에서 대표적인 성공 사례로 꼽히고 있다. 한국 철강산업의 생산규모는 1970년에 50만 4천 톤이었던 것이 2000년에는 4,310만 7천 톤으로 증가하여 30년 동안 약 85배에 달하는 성장을 이룩하였다. 이에 따라 한국이 세계 전체의 철강산업에서 차지하는 비중도 1970년에 0.1%에 불과했던 것이 2000년에는 5.1%로 증가하였다. 한국은 1987년 세계 11위를 거쳐 1993

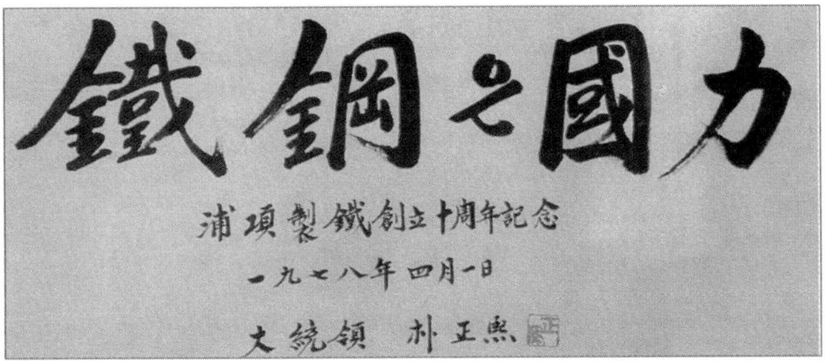

◀ 철강은 국력
포항제철 창립 10주년을 맞이하여 박정희 대통령이 쓴 기념 휘호

(단위 : 천 톤, %)

구분 \ 연도	1970년	1975년	1980년	1985년	1990년	1995년	2000년
생산규모 (포항제철)	504 (-)	2,534 (1,234)	8,558 (5,903)	13,539 (9,284)	23,125 (16,223)	36,772 (23,428)	43,107 (27,735)
세계 철강산업에서 차지하는 비중	0.1	0.4	1.2	1.9	3.0	4.9	5.1
국내총생산에서 차지하는 비중	0.5	1.1	1.5	1.9	1.9	2.1	2.0

▶ 표1 한국 철강 산업의 발전 추세 (1970~2000년)

년 이후에 세계 6위의 철강국으로 도약했으며 2002년에는 세계 5위로 부상하였다. 철강산업의 성장 추세는 다른 산업 부문에 비해서도 두드러진 것으로서 철강산업이 국내총생산(GDP)에서 차지하는 비중은 1970년에 0.4%였던 것이 1980년대 중반 이후에는 2.0% 내외로 향상되었다.

철강산업의 성장 과정에서 포항제철(浦項製鐵, Pohang Iron & Steel Co., Ltd.)이 중요한 역할을 담당해 왔다는 것은 주지의 사실이다. 1968년에 창립된 포항제철은 1970년대의 포항제철소 건설사업과 1980년대의 광양제철소 건설사업을 토대로 눈부시게 성장했다. 생산규모의 측면에서 포항제철은 1975년 세계 45위, 1983년 11위, 1990년 3위, 1993년 2위를 거쳐 1998년 이후에는 신일본제철(新日本製鐵)과 세계 1, 2위를 다투는 기업으로 부상했다. 창업 30년 만에 세계 최고의 기업으로 우뚝 선 것은 역사상 유례를 찾아보기 힘들다.

세계 각국의 언론들은 포항제철을 세계에서 가장 우수한 철강업체로 꼽는 데 주저하지 않는다. 유명한 경영 잡지인 『포춘(*Fortune*)』

▲ 한국 근대화의 상징인 포항제철소 전경

은 1999년, 2000년, 2003년에 포항제철을 세계에서 가장 존경받는 철강사로 선정했으며, 『포브스(*Forbes*)』는 1999년 이후에 5년 연속으로 포항제철을 철강부문 세계 최고의 기업으로 선정했다.

포항제철이 세계적인 기업으로 성장하는 데에는 수많은 우여곡절이 있었다. 종합제철소의 필요성은 일찍부터 거론되었지만 그것이 현실화되기까지는 10년이 넘는 세월이 필요했다. 1970년대에 포항제철소를 실제로 건설하는 과정은 무(無)에서 유(有)를 창조하는 것과 별반 다르지 않았다. 제철소를 원활하게 가동하기 위하여 철강기술을 배우고 익히는 데에는 수많은 시행착오가 있었다. 두 번째 종합제철사업은 사업의 주체와 제철소의 입지를 놓고 오랫동안 논쟁을 벌인 후에야 광양제철소 건설사업으로 이어졌다. 1980년대에는 세계 최고의 제철소를 건설하고 선진국의 철강기술을 따라잡기 위하여 우리의 선배 기술자들은 숱한 고생을 하였다. 그리고 1993년 이후에는 최고경영진이 잇따라 교체되는 등 포항제철이 변신의 소용돌이 속에 놓이게 되었다. 동시에 포항제철은 선진국의 기술을 추격하는 것을 넘어 세계 첨단기술에 도전하는 데 집중적인 노력을 기울이기 시작했다.

이 책은 포항제철의 성장과 기술발전에 대한 조그마한 기록에 불과하다.

2

i r o n a n d s t e e l

철은 어떻게 만들어지나

인류 문명의 역사는 어떤 소재가 주로 사용되었나를 기준으로 구분되고 있다. 석기시대, 청동기시대, 철기시대가 그것이다. 오늘날에는 매우 다양한 소재들이 사용되고 있지만 아직도 철에 의존하는 비중이 높다. 지금도 철기시대라 할 수 있는 것이다. 철이 널리 사용되는 이유는 지구상에서 네 번째로 많은 원소이자 저렴한 비용으로 가공할 수 있기 때문이다. 그러나 옛날과 달리 요즘에 사용되는 철의 종류와 품질에는 큰 차이가 있다. 그렇다면 철은 어떻게 만들어지며 어디에 사용되는가?

자연 상태의 철을 실제로 활용하기 위해서는 다양한 공정을 거쳐야 한다. 그것은 철광석 등의 원료를 사용하여 선철(銑鐵, pig iron)을 생산하는 제선(製銑) 부문, 선철 혹은 고철(古鐵)에서 반제품인 강철(鋼鐵, steel)을 만드는 제강(製鋼) 부문, 반제품을 가공하여 최종제품을 생산하는 압연(壓延) 부문으로 구분할 수 있다. 우리에게 익숙한 '철강(iron and steel)'이라는 용어는 선철의 '철'과 강철의 '강'을 합친

철강 생산 공정도

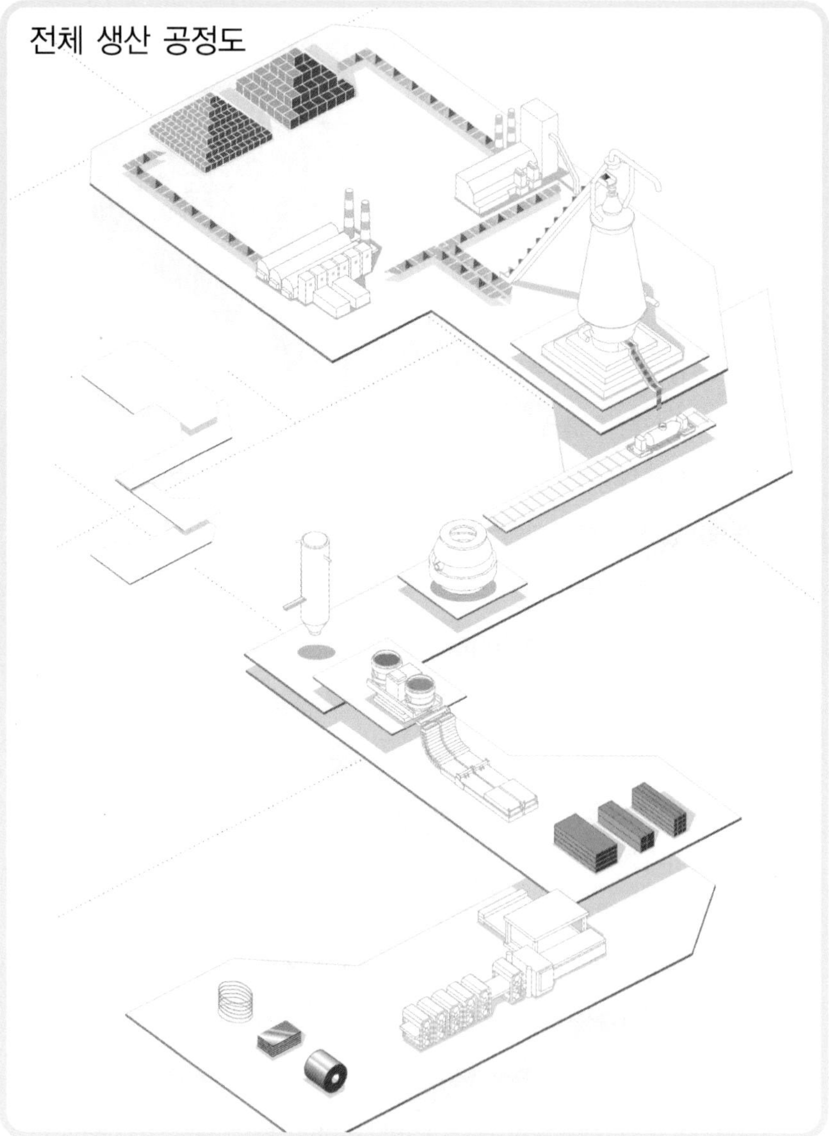

* 철강 제조는 제선공정 → 제강공정 → 압연공정의 순서로 진행된다.

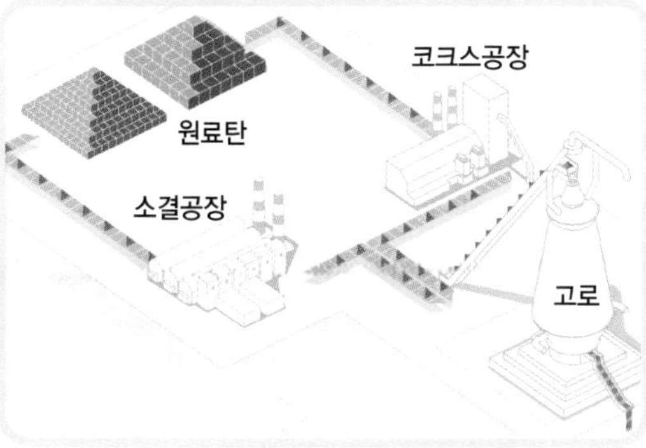

제선공정

– 쇳물을 생산하는 기초공정.

철광석과 원료탄(유연탄)을 고로에 넣은 후 1,200℃ 정도의 뜨거운 바람을 불어 넣으면 원료탄이 타면서 열이 나온다. 이 열로 인해 철광석이 녹아 쇳물로 되는데 그것을 용선이라고 한다. 용선은 탄소 함유량이 많고 유황 등의 불순물을 가지고 있다.

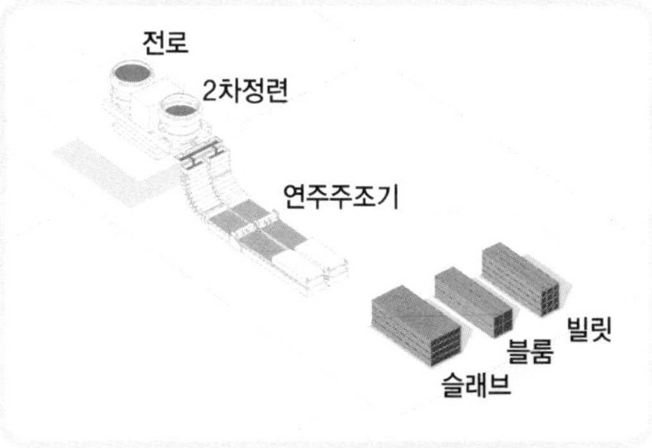

제강공정

– 쇳물에서 불순물을 제거해 강철로 만드는 공정.

고로에서 생산된 쇳물(용선)을 전로에 넣는다. 이 과정을 통해 불순물이 제거된 깨끗한 쇳물을 용강이라 한다. 용강은 주형(mold)에 주입되어 연속주조기를 통과하면서 냉각, 응고되어 연속적으로 슬래브, 블룸, 빌릿 등의 중간 소재로 만들어진다.

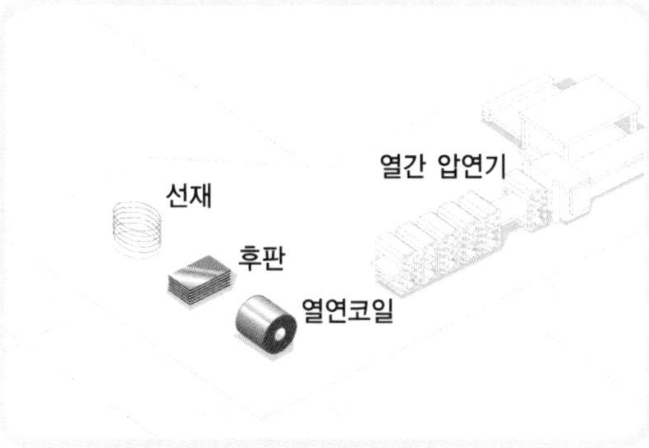

압연공정

– 중간 소재를 최종제품으로 가공하는 공정.

압연이란 슬래브, 블룸, 빌릿 등을 회전하는 여러 개의 롤(Roll) 사이를 통과시켜 연속적인 힘을 가함으로써 늘리거나 얇게 만드는 과정을 말한다. 압연공정은 크게 열간압연과 냉간압연의 두 가지 방법으로 나뉜다.

※ 출처 : www.posco.co.kr

것이다. 오늘날의 철강산업은 제선, 제강, 압연의 세 부문을 한 지역에 통합시킨 일관제철소(integrated steel mill)가 주도하고 있다. 지금부터는 우리나라의 대표적인 일관제철소인 포항제철소를 중심으로 철강의 제조공정과 철강제품의 용도에 대해 살펴보기로 한다.

제선 부문 : 쇳물을 얻기까지

철을 생산하는 데 사용되는 대표적인 원료에는 철광석, 유연탄, 석회석이 있다. 100만 톤의 철을 생산하기 위해서는 170만 톤의 철광석, 70만 톤의 유연탄, 30만 톤의 석회석이 필요하다.

이러한 원료들은 초대형 선박으로 부두에 운송된 후 사다리처럼 생긴 원료수송벨트를 통해 야적장이나 해당 공장으로 운반된다. 포항제철소의 원료수송벨트는 119㎞에 이를 정도로 매우 길다. 야적장에는 생산에 차질이 없도록 하기 위해서 한 달 분량의 원료를 저장한다.

원료를 보관할 때에는 원료가 바람에 날리는 것을 방지하기 위해 물과 표면경화제를 섞어서 뿌린다. 이는 환경오염과 원료손실을 막기 위함이다.

제선 부문의 핵심적인 설비는 용광로(鎔鑛爐, blast furnace)이다. 용광로는 제철소의 상징으로 사람의 심장에 비유할 수 있다. 용광로의 외부는 철, 내부는 특수 내화물로 만들어지며 한번 만들어진 용광로는 10년 이상 사용된다. 오늘날의 용광로는 100m 내외로 높기 때문에 고로(高爐)라 불린다. 고로의 내부공사를 감독하기 위해

사다리를 오르내리는 데만 몇 시간씩 걸릴 정도이다.

철광석, 유연탄, 석회석 등의 원료를 용광로에서 효과적으로 활용하기 위해서는 먼저 두 가지 공정을 거쳐야 한다.

첫 번째 공정은 소결(燒結)공정이다. 소결공정에서는 철광석의 품질을 고르게 하면서 가공하기 쉬운 덩어리 형태로 만든다. 철광석을 잘게 부숴 응축시키면 가루 상태의 분광석이 된다. 그것을 석회석 및 코크스(coke) 가루와 혼합하여 처리하면 일정한 크기의 소결광으로 만들어진다.

두 번째 공정은 코크스 제조공정이다. 코크스를 제조하기 위해서는 유연탄을 밀폐된 가마에서 1,000~1,300℃의 고열로 가열해야 한다. 유연탄을 나무에 비유한다면 코크스는 숯에 비유할 수 있다. 코크스는 용광로에서 철광석을 녹이는 역할을 할 뿐만 아니라 철광석에서 철을 분리시키는 역할도 한다.

이렇게 만들어진 소결광과 코크스는 컨베이어벨트를 통해 용광로 꼭대기로 들어간다. 용광로에서 1,200℃의 뜨거운 바람을 불어넣으면 코크스가 타면서 발생한 열에 의해 소결광이 녹는다. 동시에 코크스에서 나오는 일산화탄소(CO)가 소결광과 환원반응을 일으킨다. 이러한 반응을 충분히 거치면 붉고 뜨거운 용암처럼 보이는 쇳물이 생산된다. 그 쇳물은 액체 상태의 선철로서 용선(溶銑, liquid metal)으로 불린다. 용광로에서 원료가 용선으로 만들어지는 데에는 5~6시간이 소요되며 용선의 온도는 1,500℃까지 올라간다. 용선을 냉각한 후 최종제품으로 가공하는 경우도 있지만 대부분의 용선은 강철을 만들기 위한 원료로 사용된다.

제강 부문 : 반제품 만들기

제강 부문에서는 선철이나 고철을 정련(精鍊, refining)하여 강철로 만든다. 선철은 탄소 함유량이 많고 인(P)과 유황(S)을 비롯한 여러 가지 불순물을 함유하고 있어 부러지기 쉽고 가공성도 떨어진다. 고철은 이미 생산, 가공, 사용과 같은 과정을 거쳤기 때문에 물성이 취약하다. 선철이나 고철을 강도가 높고 가공성이 뛰어난 강철로 만들기 위해서는 정련하는 과정을 거쳐야 한다.

제강 부문의 핵심적인 설비는 제강로이다. 제강로에는 다양한 종류가 있지만 오늘날에는 주로 전로(轉爐, converter)와 전기로(電氣爐, electric furnace)가 사용된다. 전로는 항아리 모양으로 회전이 가능하기 때문에 붙여진 이름이며 용광로에서 나온 선철을 원료로 한다. 전기로는 주로 고철을 원료로 사용하기 때문에 별도의 제선공정을 거치지 않는다. 우리나라의 경우에는 포항제철을 제외한 모든 철강업체가 전기로를 사용하고 있다. 전기로를 사용하는 제철소는 일관제철소보다 규모가 작기 때문에 미니밀(mini mill)로 불린다.

▼ 쇳물 운반용으로 특수하게 제작된 기차
제선공정에서 제강공정으로 가는 과정에 사용

용광로에서 생산된 용선은 쇳물 운반차를 통해 전로로 옮겨진다. 쇳물 운반차는 철로를 따라 고온의 쇳물을 운반할 수 있도록 특별히 제작된 기차이다.

제강 부문에서는 전로를 누이고 세우고 기울이면서 선철을 강철로 가공하는 작업이 이루어진다. 전로를 뉘어서 소량의 고철과 다량의 용선을 넣은 후에 전로를 세워 다시 석회석을 추가하고 순수한 산소를 불어넣는다.

산소가 흡입되는 부근의 온도를 1500℃까지 올리면 선철 중의 탄소와 불순물이 급속히 산화된다. 산소를 취입한 후 30~40분이 지나면 성분을 조절하기 위해 전로를 기울이면서 몇 가지 첨가제를 투입한다. 이러한 과정을 통해 만들어지는 것이 강철이다. 강철도 처음에는 액체 상태를 띠게 되며 그것을 용강(鎔鋼, liquid steel)이라 한다. 용강은 불순물이 제거된 깨끗한 쇳물인 셈이다.

제강로에서 만들어진 최초의 강철은 아직 제품으로 가공되지 않은 상태이기 때문에 조강(粗鋼, crude steel)으로 불린다. 철강산업에서는 주로 조강 생산량을 기준으로 생산규모를 비교한다.

한편 제선 부문과 제강 부문에서는 다양한 종류의 가스와 찌꺼기가 생긴다. 가스는 모두 회수되어 공기청정설비를 거쳐 먼지를 제거한 후 발전소나 다른 공장으로 옮겨져 재생 에너지로 사용된다. 쇳물 찌꺼기는 시멘트, 비료, 단열재 등을 생산하는 데 사용되며 부

◀ 전로에서 용강이 나오는 모습

지매립이나 도로포장에도 활용된다. 제철소에서 그냥 버리는 것은 없는 셈이다.

전로에서 나온 용강은 가스를 제거한 후 주조(鑄造)공정을 거친다. 주조공정은 액체 상태의 철강을 고체 상태의 반제품으로 만드는 공정이다. 반제품을 만드는 방법에는 분괴(分塊)법과 연속주조(連續鑄造)법이 있는데 연속주조법은 줄여서 연주법으로 불린다. 분괴법은 액체 상태의 강철을 덩어리 형태의 강괴(鋼塊, ingot)로 만든 후 반제품으로 가공하는 방법이다. 이에 반해 연주법은 용강을 곧바로 주형(鑄型, mold)에 주입한 후 이를 응고시키면서 연속적으로 반제품을 제조하는 방법이다. 포항제철의 경우에는 처음에 분괴법을 사용하다가 점차적으로 연주법의 비중을 높여 지금은 100% 연주법이 활용되고 있다.

반제품의 종류에는 슬래브(slab), 블룸(bloom), 빌릿(billet) 등이 있다. 슬래브는 두꺼운 널빤지 모양을 띠며 이후에 판재류(板材類, flat products)로 가공된다. 블룸과 빌릿은 각목처럼 생겼으며 이후에 조강류(條鋼類, long products)로 가공된다. 두께가 굵은 블룸은 대형 조강류를, 두께가 얇은 빌릿은 소형 조강류를 만드는 데 사용된다.

압연 부문 : 최종제품 만들기

반제품을 가공하여 최종제품으로 만드는 방법에는 주조(鑄造, casting), 단조(鍛造, forging), 압연(壓延, rolling)이 있다. 주조는 주형을 만든 후 쇳물을 부어 일정한 모양으로 찍어내는 방법으로서 가

마솥이나 엔진을 만들 때 사용된다. 단조는 대장간에서 쇠를 달구어 두드리는 방법으로서 낫, 호미, 칼 등을 만들 때 사용된다. 압연은 반제품 덩어리를 회전하는 여러 개의 압연기(roll) 사이로 통과시키면서 연속적인 힘을 가해 늘리거나 얇게 만드는 방법이다. 이러한 세 가지 방법 중에서 가장 널리 쓰이는 것은 압연이다.

압연은 열간압연(熱間壓延, hot rolling)과 냉간압연(冷間壓延, cold rolling)으로 나뉘는데 열간압연은 열연, 냉간압연은 냉연으로 불린다. 열연의 가공온도는 재료의 재결정(再結晶) 온도 이상이며 냉연은 그 반대에 해당한다. 재결정 온도는 철의 조직이 변하여 물성이 달라지는 온도를 뜻한다. 냉연은 열연을 거친 후에 이루어지기 때문에 냉연제품의 내부조직이 더욱 치밀하다.

압연 부문을 통해 만들어지는 최종제품은 조강류와 판재류로 분류된다. 조강류는 가늘고 긴 형상의 제품으로서 가공법상으로는 대체로 열연제품에 해당한다. 조강류에는 형강(形鋼, section), 봉강(棒鋼, bar), 철근(鐵筋, deformed bar), 선재(線材, wire rod), 궤조(軌條, rail)가 있다. 형강은 건축구조물, 철골, 철탑 등에, 봉강은 볼트와 너트를 비롯한 각종 부품에, 철근은 건축 및 토목용으로, 선재는 각종 철선과 기계구조용 부품에, 궤조는 철도, 크레인, 엘리베이터 등에 사용된다. 조강류 중에서 포항제철이 집중적으로 생산하고 있는 것은 선재이다.

▼ 타이어코드용 선재

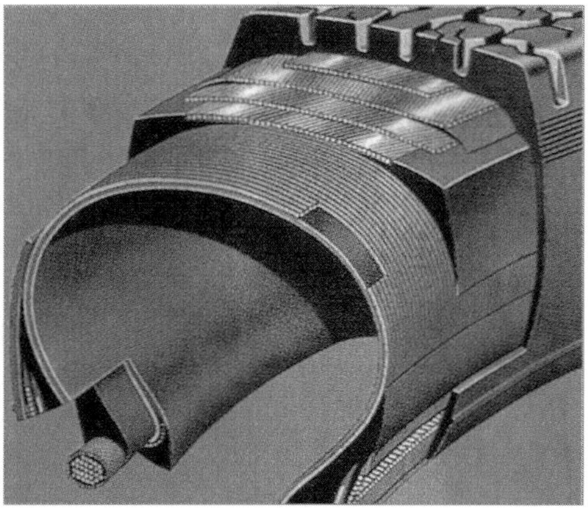

판재류는 넓고 납작한 형상을 가진 강판제품이다. 판재류에는 후판(厚板), 열연

강판, 냉연강판, 전기강판, 표면처리강판 등이 포함된다. 후판은 두께가 6㎜ 이상의 두터운 강판으로서 선박, 보일러, 저장용 탱크, 교량 등에 사용된다. 열연강판을 만들기 위해서는 가열로(加熱爐, reheating furnace), 조압연기(粗壓延機, roughing mill), 사상압연기(仕上壓延機, finishing mill) 등을 거쳐야 한다. 슬래브를 1,100~1,300℃로 다시 가열하여 가공하기 쉽게 하고 전체적으로 한 번 압연한 후 마무리로 한 번 더 압연을 하는 것이다. 열연강판에는 두루마리 형태를 띤 열연코일과 두께가 얇은 철판인 열연박판(熱延薄板)이 있다. 열연공장에서 슬래브가 열연강판으로 만들어지는 광경을 보면 마치 반죽된 밀가루에서 만두피가 자동으로 생산되는 것 같다.

▼ 슬래브가 열연강판으로 만들어지는 광경

열연코일의 상당 부분은 전기강판이나 냉연강판으로 만들어진다. 전기강판은 제강공정에서 규소를 별도로 첨가한 강철을 소재로 하며 전기기기, 변압기, 모터 등에 사용된다. 냉연강판은 열연코일을 화학적으로 처리하여 표면의 녹을 제거한 후 일상온도에서 압연함으로써 만들어지며 자동차, 철재가구, 건축자재, 가전제품 등에 사용된다. 열연강판과 마찬가지로 냉연강판에도 냉연코일과 냉연박판이 있다.

냉연코일의 일부는 표면처리강판으로 만들어진다. 표면처리강판은 강판의 표면을 외부 환경으로부터 보호하기 위하여 별도의 금속을 입히기 때문에 도금강판으로도 불린다. 표면처리강판의 대표적인 예로는 석도강판과 아연도(금)강판이 있다. 석도강판은 음료 및 식료 캔의 소재로 사용되며, 아연도(금)강판은 건축, 자동차, 가전제품, 주방용품 등에 쓰인다.

그 밖의 철강제품으로는 강관류(鋼管類, pipe products)가 있다. 강관류는 튜브처럼 생겼으며 넓은 의미로는 판재류에 포함된다. 강관류에는 강판을 말아서 용접한 용접강관, 봉강에 구멍을 뚫어 제조하는 무계목강관(無繼目鋼管, seamless steel tube) 등이 있다. 용접강관은 수도관, 가스관, 송유관 등에 사용되고 무계목강관은 고압가스, 석유시추 등의 특수용도에 사용된다.

철강제품은 가공법과 형상 이외에도 성분에 따라 분류되기도 한다. 철강제품은 성분에 따라 보통강(혹은 탄소강)과 특수강(혹은 합금강)으로 나뉜다. 보통강은 합금원소를 함유하지 않은 일반적인 철강제품으로서 탄소 함유량의 정도에 따라 고탄소강(0.4~2.0%), 중탄소강, 저탄소강(0.15% 이하)으로 구분된다. 특수강은 보통강에 니켈, 크롬 등과 같은 합금성분을 추가하여 특수한 성질을 부여한 강으로 첨가원소의 합계가 5% 이하인 것을 저합금강, 10% 이상인 것을 고합금강이라 한다. 특수강은 제강공정에서부터 보통강과는 다른 공정을 밟

▼ 캔 뚜껑용 석도강판

게 된다. 예를 들어 녹이 거의 슬지 않는 것으로 알려진 스테인레스 강(stainless steel, STS)의 경우에는 전기로가 사용되며 별도의 정련로를 거쳐야 한다.

철강산업의 기술적 특성

이처럼 제철소의 모든 공정은 유기적으로 결합되어 있기 때문에 이를 통합적으로 관리하는 것이 무엇보다도 중요하다. 각 공정이 조화를 이루지 못하거나 한 공정에서 결함이 생기면 제철소 전체가 치명적인 손실을 입게 되는 것이다. 따라서 철강산업에서는 다른 산업에 비해 전체 공정을 조화롭게 통제할 수 있는 자동화 기술이 적극적으로 활용되고 있다.

실제로 포항제철은 공정컴퓨터를 비롯한 각종 전자제어장비를 우리나라에서 처음 도입한 기업이며, 광양제철소는 공장자동화의 최종단계인 무인(無人)공장에 가장 근접한 모습을 보여주고 있다. 특히 포항제철의 생산관제센터는 원료의 입하에서 제품의 출하에 이르는 모든 과정을 컴퓨터를 통해 한눈에 파악하고 통제할 수 있는 시스템을 보유하고 있다.

또한 제철소는 상당히 많은 에너지를 필요로 한다. 철강을 제조하는 모든 공정이 매우 높은 온도에서 진행되기 때문이다. 철강산업은 우리나라 에너지 소비량의 약 13%를 사용하고 있으며 포항제철의 에너지 소비량도 9%에 달하고 있다. 이에 따라 포항제철은 대규모의 자가발전소를 운영하여 대부분의 에너지를 자체적으로 조

▲ 포항제철의 생산관제센터

달하고 있다. 자가발전소 운영에 필요한 에너지원의 대부분은 제선 공정 등에서 발생되는 가스를 활용하여 충당된다.

일반적으로 제철소는 환경오염과 관련이 많은 것으로 인식되고 있다. 제철소에서는 이산화탄소, 분진, 폐수, 소음 등이 많이 배출되기 때문이다. 이에 대응하여 포항제철은 초창기부터 환경오염을 방지할 수 있는 시설에 적극적으로 투자해 왔다. 대기오염 방지를 위한 집진설비, 수질보호를 위한 수처리설비, 소음방지를 위한 설비 등 포항제철은 2천 개가 넘는 공해방지시설을 운영하고 있다. 또한 1999년까지 2조 원에 달하는 금액을 환경개선에 투자해 왔으며 지금도 공해방지시설을 운영하기 위하여 하루에 2억 원 이상을 쓰고 있다.

포항제철의 공해방지시설 중에서 주목할 만한 것으로 환경자동감시센터와 배수종말처리설비를 들 수 있다. 환경자동감시센터에서는 제철소와 인근 지역에 수백 개의 센서를 설치하여 대기, 수질, 소음 등의 오염도를 24시간 자동적으로 측정 · 감시하고 있다. 환경오염의 발생을 사전에 방지하고 문제가 발생할 경우에 신속히 대응하기 위함이다. 그리고 제철소에서 발생한 폐수는 배수종말처리시설에서 깨끗이 정화되는데 처음에는 흐리고 진했다가 노란색으로 변하고 마지막에는 푸른색을 약간 띠는 맑은 색이 된다. 이 시설을 통해 폐수는 나무를 키우고 양어장을 운영하고 쌀을 생산할 정도로 정화된다.

철강산업의 기술수준은 주로 조업기술과 제품기술을 통해 비교된다. 우수한 조업기술이 확보되어야 높은 생산성을 확보할 수 있다. 조업기술에 대한 지표로는 투입량 대비 산출량의 비율을 뜻하

▼ 포항제철의 배수종말처리시설

는 실수율(實收率), 조강 1톤을 생산하는 데 사용되는 에너지를 의미하는 에너지원단위, 제품 1톤을 생산하는 데 투입되는 노동시간 등이 사용된다. 철강설비의 가동률이나 철강제품의 생산원가도 조업기술의 수준을 알려주는 간접적인 척도이다.

제품기술에 대한 지표로는 품질 수준, 신강종 개발 수, 고급강 생산비율 등이 사용된다. 고급강은 부가가치가 높은 강종을 지칭하며 앞서 언급한 특수강에 중점관리강을 합친 것이다. 중점관리강은 합금원소를 첨가하지는 않았지만 특수한 용도에 적합한 열처리를 통해 소정의 성능을 발휘한 것, 특수한 제강공정을 통해 불순물을 극히 낮은 수준으로 제어한 것, 새로 개발된 강종으로서 사후관리가 필요한 것을 포함한다. 고급강의 범주에는 국가별로 약간의 차이가 있지만 대체로 특수강 이외에 표면처리강판과 냉연강판의 일부가 고급강으로 취급되고 있다.

2부 포항제철소의 건설과 기술습득

3

i r o n a n d s t e e l

우향우 정신으로 건설한 포항제철소

1970년대 포항제철의 기업문화를 단적으로 표현해 주는 단어가 있다. 그것은 '우향우(右向右) 정신'이다. 포항제철소 건설현장의 오른쪽에는 영일만이 있다. 만약 제철소 건설에 실패하면 국가와 국민에게 대역죄를 짓게 되므로 우향우를 해서 영일만에 몸을 던져야 한다는 것이다. 죽을 각오로 제철소 건설사업에 임해야 한다! 성공 아니면 죽음, 그 이외의 선택은 없다! … 그러한 각오를 가지고 당시 포항제철의 임직원들은 제철소 건설사업에 매진하였다.

포항제철소 건설사업이 있기까지

역사상 많은 국가들은 산업화를 추진하면서 제철소를 확보하는 데 많은 노력을 기울여 왔다. 철강재가 적절히 공급되어야만 산업화가 촉진될 수 있었기 때문이었다. "철강을 지배하는 국가가 세계를 지배한다."는 말이 있을 정도였다. 특히 개발도상국은 제2차 세계대전 이후에 제철소 건설사업을 본격적으로 추진하였다. 이와 관련하여 1960년대에 세계은행의 총재를 역임했던 블랙(Eugene Black)은 "개발도상국에는 세 가지 신화가 있다. 첫째는 고속도로의 건설이고, 둘째는 종합제철의 건설이며, 셋째는 국가원수 기념비의 건립이다."라고 운운하기도 했다.

우리나라에서도 종합제철사업이 일찍부터 거론되어 왔지만 그것이 현실화되기까지는 10년이 넘는 세월이 필요했다. 우리나라의 종합제철사업계획은 1958~1969년의 11년 동안 일곱 차례에 걸쳐 변화하였다(표2 참조).

(단위 : 만 톤, 만 달러)

구분	시 기	규 모	입 지	사업주체	외자 조달선	소요자금 (외자)	비 고
1	1958년 8월	20	양양	대한 중공업	미국	6,000 (3,000)	탁상공론에 불과
	1958년 8월	25	동해안	대한 중공업	서독	5,508 (3,200)	정권 단명으로 무산
2	1962년 4월	37	울산	한국 종합제철	서독	16,500 (13,575)	미국과의 경합으로 무산
	1962년 11월	31	울산	한국 종합제철	미국	15,560 (11,780)	자금조달 실패로 설립주체 해산
3	1967년 10월	60	포항	대한 중석	미국 등 5개국	13,070 (9,570)	KISA와의 기본협정 (규모확장:50만 톤→60만 톤)
	1968년 12월					16,300 (10,307)	KISA와의 추가협정 (자금조달 실패로 무산)
4	1969년 12월	103	포항	포항제철	일본	20,060 (12,370)	대일 청구권자금 전용으로 1970년 4월 건설공사 착수

1 문서상의 계획으로 그친 경우.
2. 일회성 계약으로 그친 경우.
3. 협상을 통해 계약을 진전시킨 경우.
4. 실제 사업으로 이어진 경우.

◀ 표2 종합제철사업 계획의 추진 경위

제1~2공화국의 종합제철사업계획은 문서상의 계획으로 그쳤고 경제개발 5개년 계획이 추진되기 시작했던 1962년부터 실제적인 계약 단계에 진입하였다. 1966년에는 5개국 8개사의 연합체인 대한국제제철차관단(Korea International Steel Associates, KISA)이 결성되어 1968년까지 예비협정, 기본협정, 추가협정의 세 차례에 걸쳐 협상이 이루어졌지만 차관을 조달하는 데 실패하여 물거품이 되고 말았다. KISA와의 협상이 진행되면서 1967년 7월에는 포항이 제철소의 입지로 결정되었고 같은 해 9월에는 대한중석이 종합제철사업의 주체로 선정되었다. 이어 1968년 4월에는 대한중석을 모태로 하여 포항제철이 창립되었다.

뜻이 있는 곳에 길이 있다고 했던가? KISA와의 협상이 난관에 부딪히자 우리나라는 일본을 파트너로 하여 종합제철사업을 추진하는 방법을 강구하게 되었다. 다행히도 일본은 KISA의 회원국에도 포함되어 있지 않았고 우리나라에 대일(對日) 청구권자금을 지불하고 있었다.

1969년 6~7월에는 종합제철사업계획 연구위원회가 결성되어 국내인력에 의해 '신(新)사업계획'이 수립되었다. 신사업계획은 대일청구권자금으로 제철소 건설을 추진하기로 했으며 제1단계 생산규모를 103만 톤으로 확대하여 규모의 경제 효과를 달성하고자 했다. 그 계획을 바탕으로 정부 관료들과 포항제철 요원들은 1969년 8월에 일본의 관계자들을 일일이 설득하였고 결국 제3차 한일각료회담을 통해 일본의 협조를 이끌어냈다. 그리고 1969년 12월에는 '포항종합제철건설에 관한 한일간 합의서'가 체결됨으로써 포항제철소 건설사업이 본격적으로 추진될 수 있었다.

대한중석이 선택된 이유

종합제철사업의 주체로 대한중석이 선정된 이유는 무엇일까? 첫 번째 이유로는 자금조달의 용이성을 들 수 있다. 대한중석은 당시에 우리나라 전체 수출액의 30% 정도를 차지하고 있었고 1965년부터 국내외 중석시장의 호황을 배경으로 많은 흑자를 내고 있었다. 두 번째 이유로는 대한중석의 우수한 인적 자원에서 찾을 수 있다. 대한중석은 경험이 풍부한 경영진과 관리직을 보유하고 있었으며 자원, 금속, 화공, 토목, 건축, 전기 등의 분야의 기술인력에 대하여 대규모의 해외연수를 실시한 바 있었다.

이보다 더욱 중요한 이유로는 박정희가 종합제철사업의 적임자로 박태준을 염두에 두고 있었다는 점을 들 수 있다. 박태준은 국가재건최고회의 상공담당 최고위원을 역임하고 한일관계 정상화를 위한 막후교섭을 담당하는 등 박정희와 상당한 신뢰관계를 구축해 왔다. 게다가 박태준은 1964년 12월에 대한중석 사장으로 부임한 뒤 기업경영에서도 뛰어난 능력을 발휘했으며, 1965년부터는 종합제철사업의 추진과정에도 관여해 왔다.

국가재건최고회의에서 활동한 바 있었던 이맹기는 박태준이 선택된 이유를 와세다 대학에서 이공학을 수료하여 고도의 수리개념을 지니고 있었다는 점, 안보전략상 제철소의 필요성을 인식하고 사명을 다할 수 있었다는 점, 자기 소신을 굽히지 않고 관철시킬 수 있는 뱃심이 있었다는 점에서 찾고 있다.

부지조성에서 설비구매까지

포항이 제철소의 입지로 선정된 이후에는 공장부지와 사회간접자본을 조성하는 작업이 전개되었다. 이를 위하여 1968년 5월에는 포항사무소가 개설되었는데 그것은 제2차 세계대전 때 사막전의 영웅이었던 롬멜(Erwin Rommel) 장군의 야전군 지휘소에 빗대어 '롬멜 하우스'로 불렸다. 제철소 건설을 준비하는 작업에는 숱한 어려움이 뒤따랐다. 도로 건설은 모래 산 사이를 뚫고 지나가는 터널을 만드는 작업으로서 도로의 윤곽이 돌풍으로 인하여 사라지는 사태가 빈번히 발생하였다. 준설(浚渫)공사의 경우에는 준설선이 바다 속으로 침몰할 위험에 처하게 되어 군부대의 특수요원의 도움을 받아 준설선의 로프를 육지와 연결시키기도 했다.

1969년 12월에 포항제철은 야와타제철(八幡製鐵), 후지제철(富士製鐵), 일본강관(日本鋼管)으로 이루어진 JG(Japan Group)와 기술용역계약을 체결하였다. 1970년 3월에는 야와타제철과 후지제철이

▼ 제철소 건설과 애환을 함께 했던 롬멜하우스의 전경

신일본제철로 합병됨에 따라 기술용역 대상 업체가 두 개로 조정되었다. 포항제철은 일본에 대한 의존도가 높다는 점을 고려하여 안전장치를 마련할 목적으로 한국과학기술연구소(Korea Institute of Science and Technology, KIST) 및 호주의 BHP(Broken Hill Proprietary)와 별도의 기술용역계약을 체결하였다.

포항제철을 적극 도와준 KIST

KIST는 1966년에 설립된 우리나라 최초의 정부출연연구기관이다. KIST는 우리나라의 기술발전에 많은 기여를 했는데 초창기에는 기계 · 철강 · 조선 · 자동차 · 전자 등 우리나라 주요 산업의 발전계획을 수립하는 일을 맡았다. 철강산업의 경우에는 앞서 언급한 1969년의 신사업계획을 작성하는 데 KIST가 적극 참여하였다. KIST의 김재관, 김철우, 이봉진은 기술성을, 윤여경은 경제성을 검토했으며, 특히 김재관은 연구책임자를 맡아 신사업계획을 종합하는 데 핵심적인 역할을 담당하였다.

또한 KIST는 1970년 9월에 중공업연구실을 신설하면서 동경에 분실(分室)을 설치하여 일본 업계로부터 기술을 도입하는 창구 역할을 담당하도록 하였다. 당시 KIST 소장이었던 최형섭은 "중공업연구실이 사실상 제철기술자문단으로서 포항제철에 대한 자문을 집중적으로 수행하였다."고 회고하였다. 특히 KIST는 신일본제철 기술자의 정년이 55세라는 점을 활용, 1971~1976년에 퇴직기술자들을 위촉책임연구원으로 채용하는 방법을 통해 포항제철에 대한 기술적인 자문을 제공하였다.

JG의 기술용역을 바탕으로 설비사양이 정해지자 포항제철은 설비구매를 위한 작업을 추진하기 시작하였다. 그러나 대일 청구권자금의 경우 구매협상은 포항제철, 계약서명은 주일 구매사절단장, 구매집행은 조달청에서 담당하는 복잡한 체제로 운영되어야 했고, 상업차관을 활용하려면 계약 당사자와 협의한 후에 추가로 정부의 승인을 받아야 했다. 게다가 당시 정치권의 실력자들은 특정 업체를 설비공급자로 거론하면서 포항제철이 설비를 구매할 때 일정 비율의 리베이트를 정치자금으로 제공하라는 압력을 가하였다.

▼ 설비구매에 관한 재량권을 재가해 준 박정희 대통령의 친필 사인과 박태준 사장의 자필 건의문

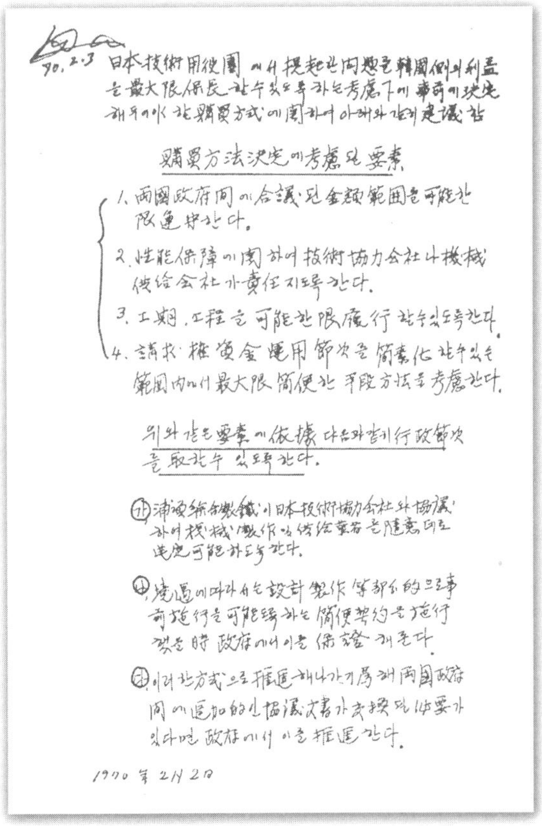
70. 2. 3

日本技術用役團에서 提起한 問題를 韓國側의 利益을 最大限 保障할 수 있도록 하는 考慮下에 事前에 決定해두어야 할 購買方式에 關하여 아래와 같이 建議함

購買方法決定에 考慮될 要素

1. 兩國政府間에 合議된 金額範圍를 可能한 限 遵守한다.
2. 性能保障에 關하여 技術協力會社나 機械供給會社가 責任지도록 한다.
3. 工期, 工程을 可能한 限 履行할 수 있도록 한다.
4. 請求權資金 運用節次를 簡素化할 수 있는 範圍內에서 最大限 簡便한 手段方法을 考慮한다.

위와 같은 要素에 依據 다음과 같이 行政節次를 取할 수 있도록 한다.

㉮ 浦項綜合製鐵이 日本技術協力會社와 協議하여 機械製作及 供給業者를 隨意로 選定可能하도록 한다.

㉯ 境遇에 따라서는 設計 製作 等 部分的으로 事前施行을 可能토록 하는 簡便契約을 施行했을 時 政府에서 이를 保證해 준다.

㉰ 이러한 方式으로 推進해 나가기 爲해 兩國政府間에 追加的인 協議文書가 交換될 必要가 있다면 政府에서 이를 推進한다.

1970年 2月 2日

이러한 문제에 직면하여 박태준은 1970년 2월에 청구권자금 운용절차의 간소화, 설비공급사 선정에 대한 재량권 인정, 수의계약에 대한 정부의 보증 등을 골자로 하는 건의문을 작성한 후 박정희 대통령을 찾아갔다. 박정희는 "포항제철과 관련된 일은 박 사장이 독자적인 판단에 따라 소신껏 처리할 것"을 지시하면서 박태준이 작성했던 건의문에 친필로 서명해 주었다. 소위 '종이마패'로 불린 그 문건은 포항제철이 설비를 구매하는 과정에서 재량권을 행사하고 정치권의 압력을 배제하는 데 큰 역할을 담당하였다. 그것은 박정

희가 사망한 이후인 1979년 12월에 『포항제철 10년사』가 편찬되면서 공개되었다.

이처럼 포항제철은 설비구매계약에 대한 재량권을 확보함으로써 개발도상국의 대규모 프로젝트에 만연되어 있었던 리베이트의 관행에서 벗어날 수 있었다. 포항제철이 설비를 구매하는 과정에서 정치권의 압력을 배제할 수 없었더라면 포항제철소 건설사업을 성공적으로 진행하기는 어려웠을 것이다. 더 나아가 구입한 설비의 성능이 보장되지 않아 포항제철소가 높은 생산성을 달성할 수도 없었을 것이다. 이와 관련하여 "포항제철이 설계용량의 100%를 초과하여 철강재를 생산할 수 있었던 것은 기계가 바른 말을 했기 때문"이라는 지적도 있다.

1970년 5월에는 설비구매 업무를 전담하는 조직인 설비구매팀이 김용각, 안병화, 백덕현, 김학기, 이상수 등 다섯 명의 간부 사원으로 구성되었다. 설비구매팀은 여러 업체들과 함께 만나지 않고 일정한 시차를 두어 릴레이식 상담을 진행하는 방식으로 설비공급업체들의 담합을 방지하였다. 일명 "포항제철 특공대" 혹은 "포항제철 결사대"로 불린 설비구매팀은 1970년 여름 내내 일본과 한국을 왕래하면서 설비사양, 계약금액, 성능보장, 운송조건 등과 같은 수많은 문제를 해결해야 했다. 당시 설비구매팀의 사정에 대하여 『포항제철 25년사』는 다음과 같이 기록하고 있다.

> 그들의 출장비는 1인당 하루 10달러 정도였기 때문에 숙소는 호텔이 아닌 여관이었고 끼니는 주로 라면으로 때워야 했다. 그들은 옷을 손수 세탁해야 하는 초라한 행색을 하고 있으면서도

값비싼 설비를 구매한다고 동경 거리를 누비고 다녔으니 그 모양새는 실로 가관이었다.

포항제철은 비교적 우수한 성능의 설비를 저렴한 가격으로 구입할 수 있었다. 거기에는 설비구매에 대한 환경이 양호했다는 점도 중요한 배경으로 작용하였다. 1970년대에 선진국에서는 추가적인 제철소 건설이 거의 추진되지 않았고 개발도상국의 경우에도 포항제철소 건설사업과 같은 대규모 프로젝트가 많지 않았다. 이에 따라 한국 진출의 교두보를 확보하려는 일본의 종합상사들 사이에는 치열한 수주 쟁탈전이 벌어졌고 포항제철은 이러한 경쟁관계를 활용하여 설비구매에 대한 협상력을 강화할 수 있었다.

이에 반해 한국에 앞서 일관제철소를 건설했던 브라질과 인도의 경우에는 진입 시점이 좋지 않아 우수한 설비를 적기에 도입하는 데 많은 어려움을 겪었다. 1940년대에 일관제철소 건설사업을 추진했던 브라질은 제2차 세계대전을 전후하여 국제정세가 악화됨에 따라 설비도입이 많이 지연되었다. 인도의 경우에는 선진국의 철강산업이 성장세를 보이고 있었던 1950년대에 일관제철소를 건설함으로써 우수한 설비사양을 보장받기 어려웠다.

설비구매에 못지않게 중요한 문제는 철광석과 원료탄을 확보하는 것이었다. 처음에는 일본을 통한 위탁구매의 가능성이 타진되다가 그것이 여의치 않자 호주에서 원료를 직접 구매하는 방법이 강구되었다. 그러나 호주의 원료공급업자들은 포항제철과의 거래에 흥미를 느끼지 못하거나 비싼 가격을 지불할 것을 요구하였다. 또한 그들은 "호주에서도 철강공장은 건설공기가 6개월이나 1년 정도 지연되는 것이 보통"이라고 지적하면서 포항제철이 건설공기를 준수할 가능성에 대해 의문을 제기하였다. 박태준과 한영수를 비롯한 협상단은 대사관 직원들을 동원하고 원료공급업자들과 개별적으로 담판을 전개하여 호주의 업체들을 설득하였다. 당시에 포항제철의 장래에 대해 회의적이었던 몇몇 사람들은 "포항제철 공장부지에 콘크리트가 타설되기도 전에 철강을 만들 원료를 확보한다."고 비난하기도 했지만, 포항제철소가 본격적으로 가동되기 시작했던 1973년 말부터는 제1차 석유파동으로 인하여 원료가격이 폭등하는 것은 물론 원료를 구입하는 것 자체가 거의 불가능해졌다.

포항제철소는 어떻게 건설되었나

설비구매와 원료확보가 진척되면서 제철소를 건설하는 작업도 본격적으로 전개되었다. 포항제철소 건설사업의 개요는 표3과 같다. 포항제철소 1기 사업은 1970년에 시작되어 1973년에 완료되었으며 이를 통해 우리나라는 역사상 최초로 일관제철소를 보유하게 되었다. 포항제철소 1기 사업은 건국 이래 최대 규모의 건설공사로서 외자 1억 7,800만 달러, 내자 493억 원 등 총 1,204억 원이 투자되었다. 그것은 428억 원이 소요된 경부고속도로 건설사업의 3배나 되는 금액이었다.

포항제철소 확장사업은 1973~1983년 동안 2기, 3기, 4기, 4기 2차의 네 차례에 걸쳐 추진되었다. 2기 사업을 통해 포항제철소는 고로 2기를 갖추게 되어 보다 본격적 의미의 일관제철소로 성장하였다. 고로 2기가 구비되면 한 고로에서 사고가 발생하거나 개수작업이 전개될 때에도 안정적인 조업이 가능한 것이다. 3기 및 4기 사업은 중화학공업화 정책의 일환으로 추진되어 생산규모가 현격히 확대되었고 이를 통해 국제경쟁력을 갖춘 대량생산체제가 확립되었다. 즉 3기 사업과 4기 사업의 생산규모는 각각 290만 톤과 300만 톤으로 1기 사업의 103만 톤과 2기 사업의 157만 톤을 합친 260만 톤보다 컸던 것이다. 4기 2차 사업은 고로를 신설하지 않으면서 60

첫 쇳물을 얻기까지

매년 6월 9일은 철의 날이다. 그 날은 첫 출선(出銑)의 감격을 기념하기 위해 정해졌다. 우리나라에서 최초로 도입된 고로인 포항 1고로가 1973년 6월 9일 7시 30분에 첫 쇳물을 배출했던 것이다. 포항제철은 1973년 6월 8일 10시 30분에 고로에 화입(火入)하였고 계산대로라면 화입 후 20시간이 지난 후에 출선이 있어야 했다. 그러나 다음 날 오전 7시가 되어도 출선이 되지 않았다. 통구가 막혀있었던 것이다. 작업반원들은 통구를 뚫기 시작했다. 작업이 진행되는 동안 전 직원의 얼굴에는 불안과 초조의 빛이 역력했다. 30분이 지났다. 통구가 열리면서 기다리고 기다리던 붉은 쇳물이 흘러나왔다. 박태준 사장을 포함한 모든 직원들은 하나같이 목메어 "만세"를 불렀다. 제철의 건국을 알리는 함성이었다. 당시에 제선부 차장으로 근무했던 이영우는 다음과 같이 회고한다. "인간이 즐길 수 있는 최고의 기쁨과 최고의 초조를 불과 30분 만에 맛보았다. 30년과 같았던 30분이었다."

◀ 첫 출선의 감격

만 톤의 생산능력을 증가시키는 것으로 기존의 설비를 보완하는 데 중점을 두었다.

제철소를 건설하는 방식으로는 제선, 제강, 압연의 순서로 진행되는 전방건설방식(forward construction approach)이 아니라 압연시설을 먼저 설치한 후 제선 및 제강공장을 건설하는 후방건설방식(backward construction approach)이 적용되었다. 예를 들어 포항제철소 1기 사업의 경우에는 후판공장과 열연공장이 1972년 7월과 10월에 준공된 후 제선공장과 제강공장이 1973년 6월에 완공되었다. 후방건설방식은 1950~1960년대를 통하여 널리 활용되어 왔으며 압연공장을 먼저 건설한 후 반제품을 수입하여 완제품을 생산 · 판매함으로써 투자효과가 조기에 나타나는 장점을 가지고 있다. 포항제철은 후방건설방식을 활용하여 철강재 부족 현상에 대처하는 것은 물론 빠른 시일 내에 조업경험을 축적하고 수익을 창출할 수 있는 계기를 마련하였다.

표3에서 보듯이 포항제철소 건설공사는 계획보다 조기에 종료되

구 분	1기	2기	3기	4기	4기 2차
생산능력 (누계)	103만 톤	157만 톤 (260만 톤)	290만 톤 (550만 톤)	300만 톤 (850만 톤)	60만 톤 (910만 톤)
착공일	'70.4.1	'73.12.1	'76.8.2	'79.2.1	'81.9.1
준공예정일	'73.7.31	'76.6.30	'79.4.30	'81.6.20	'83.6.15
준공일	'73.7.3	'76.5.31	'79.12.8	'81.2.18	'83.5.25
건설공기	39개월	29개월	28개월	25개월	21개월
공기단축	28일	30일	143일	122일	20일

▶ 표3 포항제철소 건설사업의 개요

었다. 특히 2기 이후의 확장사업은 1기 사업에 비해 건설공기가 짧게 계획되었음에도 불구하고 계속해서 건설공기가 단축되었다. 포항제철소의 공사기간은 20~40개월이었는데 그것은 당시의 다른 개발도상국에 비해 매우 빠른 것이었다. 인도, 브라질, 이란 등의 국가에서는 비슷한 규모의 제철소를 짓는 데 빨라야 4년, 늦을 경우에는 9년도 소요되었다. 이러한 건설공기의 단축은 저렴한 설비구매비용과 결합되어 포항제철소가 매우 경제적으로 건설되는 것을 가능하게 했다. 포항제철소 건설사업에는 1톤당 250~470달러의 건설비용이 소요되었는데 이는 외국 제철소의 2분의 1에서 3분의 2에 해당하는 것이었다.

건설공기의 단축을 위해서는 비상사태의 선포와 같은 극한적인 방법도 동원되었다. 예를 들어 1기 사업에서 열연공장의 건설이 지연되자 "무조건 하루에 700m^3의 콘크리트를 타설하라."는 열연비상(熱延非常)이 선포되었다. 하루에 250~450m^3의 콘크리트를 타설하는 것이 합리적이었지만 24시간 철야작업을 통해 목표량을 700m^3로 설정했던 것이다. 열연비상으로 인해 포항제철 직원들이 격일제로 밤을 세우고 1일 책임량을 채우지 못한 감독의 승진을 중지시키며 졸고 있는 운전기사를 깨우고 흩어져 있는 인부들을 찾아다니며 레미콘은 물론 리어커까지 동원되는 등 전쟁터와 같은 분위기가 연출되었다. 결국 열연비상이 선포된 후 2개월 만에 5개월 분량의 콘크리트가 타설됨으로써 지연된 공기가 완전히 만회될 수 있었다. 포항제철의 열연부에 근무했던 김종진은 "당시에는 입에서 더운 입김이 훅훅 토해져 나왔고" "열연비상이 끝나자 모두 눈물을 흘렸다."고 회고하였다.

3기 사업에서도 이와 유사한 형태의 비상사태가 선포되었다. 3기 사업은 이전에 비해 규모가 현격히 확대되어 수많은 인력과 장비가 요구되었다. 그러나 당시에는 중동 건설 붐과 아파트 건설 붐을 배경으로 건설경기가 매우 좋았기 때문에 인력과 장비를 확보하는 것이 쉽지 않았다. 당시의 시공업체들은 건설인력이 부족하여 경험이 전혀 없는 사람들을 동원하는가 하면 인원 수를 점검할 때 다른 건설현장의 인력을 이동시키는 편법을 사용하고 있었다. 이에 포항제철은 건설비상을 선포하면서 설비별로 공사담당 임원을 배정하고 공사인력의 동원 실태를 수시로 점검하였다. 특히 집중적인 공정관리가 요청되었던 건설현장에서는 행정부서의 직원까지 동원되는 특별감독제가 실시되었다. 특별감독제는 일명 '독감'으로 불렸는데 그것은 "특별감독에 걸리면 열 빼고 땀 빼야 한다."는 의미를 가지고 있었다. 이러한 비상사태를 통하여 3기 사업

▼ 총력비상이 걸린 열연 건설 현장

의 건설공기는 처음의 계획보다 약 5개월이 단축될 수 있었다.

포항제철의 비상사태는 제철소 건설에 대한 학습이 집중적으로 수행되는 계기로 작용하였다. 이와 관련하여 3기 사업의 건설비상에 참여했던 포항제철의 기술자들은 다음과 같이 회고한다. "엔지니어가 직접 공사를 감독함으로써 상당히 많은 것을 배웠고" "공사감독을 하면서 작업내용도 모른 채 지휘한다는 것은 있을 수 없는 일이라는 것을 깨달았으며" "대형 프로젝트에 대한 건설관리기법을 직접 터득할 수 있었다."

동시에 이러한 비상사태는 포항제철소 건설사업이 군대식 문화에 입각하여 추진되었다는 점을 암시한다. 한국 사회가 1980년대 중반 이후에야 민주화의 단계에 진입했다는 점에 비추어 볼 때 1970년대가 아니었더라면 이러한 극한적인 공사방식이 소기의 성과를 달성하기는 어려웠을 것이다.

포항제철소 건설사업의 영향과 성공요인

포항제철소 건설사업을 배경으로 우리나라의 철강생산량은 급속히 증가했다. 1970년에 50만 톤에 불과했던 철강생산량은 1975년의 253만 톤을 거쳐 1980년에는 856만 톤을 기록했다. 10년 만에 17배가 넘는 성장을 경험했던 것이다. 1968년에 설립된 포항제철도 처음에는 유명무실한 기업에 불과했지만 1983년에는 세계 11위의 철강업체로 부상하였다.

또한 포항제철소의 효과적인 건설과 가동으로 우리나라는 본격적인 중화학공업화의 단계에 진입할 수 있었다. 1970년대를 통하여 포항제철소가 가동됨으로써 유발된 국제수지효과는 수입대체에 의해 약 11억 달러, 수출에 의해 약 4억 달러, 총 15억 달러로 분석되고 있다.

▲ 포항제철소 850만 톤 종합준공 기념탑

포항제철의 성공은 국민의 정신적 태도에도 영향을 미쳤다. 1960년대만 해도 우리나라에서는 패배주의가 만연되어 있었지만 1970년대를 통해 “하면 된다.”는 자신감을 가지게 되었던 것이다. 특히 포항제철이 기대 이상으로 성공하면서 우리 정부와 국민의 경제발전에 대한 의지가 더욱 강화될 수 있었다.

포항제철소 건설사업이 성공할 수 있었던 것은 기본적으로 포항제철 직원들의 부단한 노력에 기인하고 있지만 최고경영자와 정부의 역할도 컸다.

박태준은 설비구매에서 건설관리에 이르는 거의 모든 범위에 걸쳐 중요한 사항을 지시하였고 그것을 충족시키는 과정에서 포항제철소 건설사업이 추진될 수 있었다. 기업의 초기 성장 과정에는 최고경영자의 역할이 매우 중요한 것으로 평가되고 있는데 특히 박태준은 단순한 최고경영자가 아니라 조직구성원들에 대한 ‘역할 모델(role model)’로 인식되었다. 그는 포항제철소 건설현장에 상주하면서 누구보다도 열심히 일했고 문제가 발생할 때마다 현장을 직접 찾아다니며 그것을 해결하는 데 크게 기여하였다. 또한 박태준은 다른 대기업의 일반적인 최고경영자와 달리 경영상의 지식뿐만 아니라 기술적 지식도 많이 보유하고 있었기 때문에 그의 판단과 지시는 상당한 권위를 가지고 있었다. 이러한 점은 다음과 같은 지적에서 단적으로 드러난다.

> 박태준 사장이 선진 제철기술에 대한 정보를 누구보다 앞서서 수집하고 소화하기 때문에 공장의 책임자나 전문가들도 이론에 있어서까지 번번이 나가떨어진다. 열 가지 질문에 두 가지를 답변할 수 없다는 것이다. 이러니 포철의 사원이라면 아랫사람이나 윗사람이나 박 사장 앞에서는 벌벌 떨지 않을 수가 없는 것이다.

정부도 포항제철을 매우 적극적으로 지원했다. 정부는 1970년에 포항제철을 집중적으로 육성하기 위하여 철강공업육성법을 제정했다. 그 법은 지원대상을 연산 100만 톤 이상의 일관시설 보유자로 제한했는데 여기에 해당하는 기업은 포항제철밖에 없었다. 또한 정부는 1973~1979년에 중화학공업화 정책을 추진하면서 철강, 화학, 비철금속, 기계, 조선, 전자산업을 6대 전략산업으로 선정하였다. 그 중에서 가장 높은 우선순위가 부여된 것은 철강산업이었으며 포항제철에게는 엄청난 지원이 이루어졌다. "포항제철인데 무엇을 검토해? 예산은 무조건 지원이야!"라는 말이 있을 정도였다. 그 밖에 박정희 대통령이 생전에 열세 번에 걸쳐 포항제철소 건설현장을 방문하는 등 정부의 포항제철에 대한 관심과 기대도 컸다.

사실상 포항제철소 건설사업은 매년 1천억 원 이상이 소요되는 대규모 프로젝트였기 때문에 정부의 강력한 지원 없이는 추진되기 어려웠다. 실제로 포항제철소 건설에 투입된 13조 8,546억 원 중에서 47.7%가 재정출자, 정책금융, 외국차관의 형태로 조달되었으며, 조세감면, 관세감면, 사회간접자본 조성, 공공요금 할인 등을 통한 정부의 지원금액도 약 8,300억 원에 달했다. 포항제철은 정부의 기금이나 민간의 자금을 조달하는 과정에서도 대출규모가 가장 크고 이자율이 가장 낮은 예외적인 존재로 취급되었다.

포항제철은 정부의 파격적인 지원을 바탕으로 철강산업을 독점해 왔지만 그렇다고 해서 보수적인 성장전략을 취하지는 않았다. 포항제철은 지속적으로 흑자를 창출하면서 이윤을 사내에 유보시켜 제철소 확장사업에 투자해 왔다. 흥미로운 점은 포항제철소 1기 사업이 완료된 첫 해인 1973년부터 흑자가 발생했다는 사실이다. 여기에는 '조선 붐'으로 상징되는 조선산업의 호황과 같은 예기치 않은 행운이 결정적인 원인으로 작용하였다. 그러나 그러한 행운도

◀ 불시에 포항제철소 현장을 방문한 박정희 대통령

포항제철이 후판공장을 먼저 건설하고 예정된 건설공기를 준수하며 원료를 조기에 확보하지 않았더라면 그 효과가 매우 감소되었을 것이다.

더 나아가 포항제철은 다른 기업에 비해 저렴한 내수가격으로 생산품을 공급하였다. 중화학공업화 정책의 혜택을 받았던 대부분의 기업들이 해외수출에서의 손실에 대한 보상으로 매우 비싼 내수가격을 보장받았지만 포항제철은 그러한 대상에서 제외되어 있었다. 포항제철은 다른 중화학공업의 성장에 필수적인 소재를 생산하는 역할을 맡고 있었기 때문에 철강재를 저렴한 가격으로 공급하도록 요구되었던 것이다. 특히 수출품의 생산에 사용되는 철강재에 대해서는 가격을 특별히 할인해 주는 '로컬가격제도(local rate)'가 적용되었다.

이처럼 한국 정부와 포항제철의 관계는 정부가 포항제철을 적극 지원하는 대신 그에 대한 실적을 요구하는 상호주의적 원칙에 입각하고 있었다. 포항제철은 정부의 지원에 부합하는 실적을 달성함으로써 기업과 국가가 동시에 성장하는 '상호배양(相互培養)'의 효과를 구현했던 것이다.

4

i r o n a n d s t e e l

사람에 대한 투자가 지름길

모든 일은 사람이 하는 법이다. 포항제철소 건설사업도 예외일 수 없다. 제철소를 건설하고 그것을 가동하는 일은 모두 사람이 한다. 아무리 좋은 설비가 도입되었다 하더라도 유능한 인력이 없다면 무용지물에 불과하다. 포항제철은 이러한 점을 일찍 인식하고 사람을 키우는 일에 적극 투자하였다. 사람에 대한 투자는 그 효과가 상당히 오랫동안 지속되는 특징을 가진다. 포항제철은 기업경영과 기술발전을 위해 어떻게 인력을 확보하고 양성했는가?

낙하산 인사를 배제하라

포항제철소의 원활한 건설과 가동을 위해서는 우수한 인력을 적기에 선발하여 훈련하는 것이 요구되었다. 창업기에는 경력사원을 중심으로 직원이 수시로 충원되었다. 업무 계통에는 대한중석 출신이 많았고 기술 계통에는 대한중석과 기존 철강업계 출신의 사람이 활용되었다. 철강업계 출신의 경력사원들은 철강설비를 가동해 본 경험을 바탕으로 철강산업의 기술적 특성을 어느 정도 이해하고 있었고 특히 현장 노하우가 가지는 중요성을 인식하고 있었다.

그러나 대규모 일관제철소를 보유한 포항제철에서는 기존의 철강업체와는 다른 차원의 기술이 요구되었다. 철강업계 출신의 경력사원들은 철강설비에 대한 기본적인 경험은 가지고 있었지만 대규모의 현대식 설비에 대한 지식은 거의 없었던 것이다. 예를 들어 인천제철 기획과장 출신으로서 포항제철의 창립요원이었던 백덕현은 "기존의 제철소와 일관제철소는 난이도에 있어서 열 배 정도의 차이가 난다."고 지적하였다. 실제로 포항제철 창업기에 대규모 고로를 본 경험이 있었던 사람은 다섯 명 정도에 불과하였고, 대부분의 사람들은 포항제철에 입사한 후 해외연수를 통해서야 최신 시설에 접할 수 있었다. 1970년 2월에 토건부장으로 입사했던 정명식은 다음과 같이 회고한다.

> 나는 단지 책에서 고로의 그림을 보았을 뿐입니다. (일본을 방문하여) 고로를 직접 보았을 때 나는 위압감에 사로 잡혔습니다. 그리고 나는 '우리가 이것을 해낼 수 있을까? 우리가 저렇게 큰 것을 어떻게 만들 수 있을까?' 라고 생각했습니다.

포항제철의 인력충원 과정에서 특기할 만한 점은 외부의 인사청탁을 배제함으로써 직원의 기본적인 자질을 확보하고자 했다는 사실이다. 박태준은 1968년 4월 1일의 사장 취임사에서 "건전한 창업의 기반을 흔드는 전통적인 한국적 사회폐습의 침투에는 과감히 도전하여 창업 시에 흔히 경험하는 사회사업적인 인사관리나 예산회계관리, 물자관리가 되지 않도록 확고한 신념으로 모든 일을 계획하고 집행해 나가는 것을 기본정신으로 삼아주시기를 강력히 요청합니다."라고 주문하였다. 실제로 박태준은 고위 정치권의 인사청탁을 거절하여 많은 어려움을 겪기도 했지만 '낙하산 인사 배제'라는 원칙을 계속해서 준수하였다. 이와 관련하여 『신동아』 1981년 4월호에는 다음과 같은 평가가 나온다.

> 사실 많은 국영업체가 경험 없는 사람들의 낙하산식 인사에 의해 멍들어버린 것을 우리 주위에서 흔하게 볼 수 있다. 이것을 막아냈다는 것이 결국 오늘의 포철을 키워낸 것이나 다름없다고 보아도 될 것 같다.

포항제철은 공기업으로서는 예외적으로 낙하산 인사를 배제하면서 내부승진에 입각하여 경영진을 구성하는 전통을 유지해 왔다. 최고경영진과 관련하여 박태준, 황경로, 정명식, 김만제, 유상부, 이구택이 회장을, 황경로, 정명식이 부회장을, 박태준, 고준식, 안병화, 정명식, 박득표, 조말수, 김종진, 이구택, 강창오가 사장을 역임해 왔는데 그 중에서 외부 인사에 해당하는 사람은 1994년 3월부터 1998년 3월까지 회장으로 재임했던 김만제밖에 없었다(표4 참조). 이사급 이상의 고위 경영진의 경우에도 오랫동안 내부승진에 의해 충원되다가 1980년대 중반 이후에 해외투자사업이 강화되면서 국제적 경험을 가진 외부 인사가 이사로 채용되기 시작하였다. 이러한 인사관리의 원칙은 포항제철의 직원들이 철강산업에 대한 전문가로 성장하고 회사를 위해 헌신적인 자세를 견지할 수 있는 기반으로 작용하였다.

▶ **표4** 포항제철 최고 경영진의 변천

시기 / 구분	'68.4~'81.2	'81.2~'85.2	'85.2~'87.7	'87.7~'92.10	'92.10~'93.3	'93.3~'94.3	'94.3~'98.3	'98.3~'03.3	'03.3~
회 장	-		박태준		황경로	정명식	김만제	유상부	이구택
부회장	-	-	-	황경로*	정명식	-	-	-	
사 장	박태준	고준식	안병화	정명식	박득표	조말수	김종진	이구택	강창오

* 황경로는 부회장으로 1990년 3월부터 재임하였음.

현장 중심의 기술관리

기술인력의 경우에는 자질이 우수한 대졸 엔지니어들을 조기에 확보하여 적극적으로 활용하는 정책이 구사되었다. 포항제철은 서울공대, 한양공대, 인하공대 등 우수한 공과대학을 졸업한 엔지니어들을 대폭적으로 채용하였다. 특히 서울대 금속공학과 출신의 경우에는 거의 모두 끌어 모을 정도로 많은 노력을 기울였다. 포항제철이 입사 조건으로 반드시 포항에서 거주할 것을 요구했음에도 불구하고 그들은 포항제철에 근무하는 것을 선택하였다. 여기에는 당시에 대졸 엔지니어들이 전공을 살릴 수 있는 충분한 고용의 기회를 갖지 못했다는 점, 포항제철의 임금 수준이 민간 재벌에 못지 않았다는 점, 주택문제 및 자녀교육문제를 해결할 수 있는 복리후생제도가 마련되고 있었다는 점, 국가의 숙원 사업인 종합제철사업에 참여하는 기회를 가질 수 있었다는 점 등이 크게 작용하였다.

직원의 집부터 마련하자

제철소 건설사업이 추진되면서 1968년에 포항의 인구가 40%나 증가하는 등 주택문제가 심각하게 대두되었다. 제철소 건설사업이 예상보다 어려웠고 주거환경이 뒷받침되지 않자 포항제철에 이직자가 대폭 증가할 조짐이 보였다. 박태준은 '안정된 생활터전의 마련이 곧 생산성 증대의 지름길'이라는 생각으로 직원용 주택단지를 조성하기로 하였다. 그것도 사택이나 임대주택이 아니라 보다 근원적인 해결책인 자가(自家)주택제도를 선택하였다. 문제는 돈이었다. 박태준은 여러 은행을 찾아가 신용대출을 부탁했는데 다행히도 한일은행 하진수 행장이 도움을 주었다. 포항제철은 1968년 9월에 현재 효자동 지역의 부지를 매입하면서 직원용 주택단지를 조성하기 시작하였다. 이에 대하여 몇몇 정부 관료들은 "공장 지을 돈도 아직 확정되지 않은 상태에서 직원주택부터 짓는다."는 불만을 제기했으며, 일부 언론은 "포항제철이 제철소 건설보다는 땅 투기에 더 관심이 많다."고 매도하기도 했다. 그러나 포항제철은 직원들에게 안정된 생활터전을 제공하고 우수한 인력을 용이하게 확보한다는 견지에서 자가주택제도를 적극 추진하였다.

더 나아가 포항제철은 대졸 엔지니어들을 제철소 현장의 반장(foreman)으로 배치하여 공장가동을 직접 담당하게 하였다. 당시에 대졸 엔지니어와 같은 우수한 직원들을 일반 관리직이 아니라 생산분야의 반장으로 활용했던 것은 특이한 일이었다. 그들은 교육훈련을 통해 획득한 지식을 효율적으로 현장에 적용했을 뿐만 아니라 공장조업의 과정에서 축적된 기술을 사내(社內) 표준으로 정립하고 창의적인 제안을 통해 기술을 개선하는 데 크게 기여하였다. 대졸 엔지니어들이 실제적인 공장가동을 담당하는 과정을 거침으로써 현장 노하우에 대한 지식을 체계적으로 축적할 수 있었던 것이다. 동시에 그것은 대졸 엔지니어들이 기능공들을 효과적으로 관리할 수 있는 기반으로 작용하였다.

풍부한 현장 경험을 가진 엔지니어들은 이후에 연구인력으로 활용되었다. 포항제철은 1977년 1월에 기술연구소를 설립하여 연구활동을 내부화하기 시작하였다. 기술연구소의 설립에는 현장당면문제에 체계적으로 대응하는 것과 제품의 품질을 향상시키는 것이 중요한 배경으로 작용하였다. 당시 설비기술본부장으로서 기술연구소의 운영을 맡았던 백덕현은 다음과 같이 지적한다.

> 당시에 비교적 간단한 기술적 어려움은 현장의 기술인력에 의해 상당 부분 극복되었지만 단기적인 처방으로 해결되지 않는 기술적 문제가 등장하기 시작했으며, 제품의 품질을 일반적인 수준까지 확보하는 것은 제철소 현장의 노력으로 가능하지만 품질의 추가적인 향상을 위해서는 야금(冶金) 원리에 대한 해명이 필요하였다.

포항제철 기술연구소의 활동은 크게 품질연구, 공정연구, 개발연구, 기초연구로 분류되었다. 품질연구와 공정연구는 단기적 혹은 중기적 효과를 목표로 하여 품질개선과 균일화, 제품가공 및 이용기술의 고도화, 불량요인 및 대책 규명, 공정의 개량 및 창안, 공정의 생력화(省力化) 및 전산화 등을 도모하는 것이었다. 그리고 개발연구와 기초연구의 경우에는 포항제철이 외국의 선진업체에서 도입한 기술을 바탕으로 그것을 이론적으로 해석하고 실험한 후 다시 현장에 적용하는 과정을 거쳤다. 이처럼 1980년대 초반까지 기술연구소의 실제적인 활동은 제철소 현장의 생산활동에 직접적으로 공헌할 수 있는 과제를 중심으로 전개되었으며 독자적인 기술개발보다는 도입한 기술을 소화하는 데 초점이 맞춰졌다. 우리나라의 기업연구소가 초창기에 전개했던 연구활동은 선진국의 경우와 달리 새로운 기술을 개발하기 위한 연구라기보다는 효율적인 생산활동을 보조하기 위한 연구였던 것이다.

기능인력의 양성과 활용

기능인력의 경우에는 처음에 외부에서 충원했지만 나중에는 내부적으로 양성하는 체계가 갖추어졌다. 포항제철은 1974년 9월에 직업훈련소를 설치하여 고등학교 졸업생을 대상으로 직업훈련을 실시하였다. 직업훈련소는 제선과, 제강과, 압연과, 천정기중기과(天井起重機科)로 편성되었다. 교육기간은 천정기중기과가 3개월, 나머지 학과가 6개월이었다. 직업훈련생은 기능사 2급에 상응하는 전문지식과 현장기능에 대한 교육을 받았는데 교육방식은 이론 대 실기의 비율이 20 : 80으로 구성되어 있었다.

1979년을 전후하여 포항제철이 기능인력을 확보하는 주된 원천은 직업훈련소에서 포항제철공고로 변화하였다. 1978년 3월에 제철학원은 포항공고를 인수하여 포항제철공고로 개칭하였고 기존의 금속과, 제철과, 기계과, 전기과를 제선과, 제강과, 압연과, 기계정비과, 전기계장정비과(電氣計裝整備科)로 개편하였다. 포항제철공고는 입학생에게 기숙사 제공과 입학금 및 수업료 면제의 혜택을 부여하였고 졸업생 중에서 성적이 불량한 사람을 제외하고는 포항제철로의 취업을 보장하였다. 또한 정부의 중점 특성화고교 육성 방침에 따라 포항제철공고 졸업생이 공과계열의 대학에 진학할 경우에는 필기시험이, 2급 이상 기능사 자격증을 소지하고 5년 이상 포항제철에 근무할 경우에는 병역이 면제되었다. 포항제철공고는 이러한 파격적인 지원 외에도 막대한 교육시설투자, 소수정예의 학급운영, 산학협동에 의한 실습교육 등을 통하여 포항제철에 우수한 기능인력을 공급하였다.

포항제철은 기능인력을 자체적으로 공급할 수 있는 기반을 구축하는 것은 물론 기능인력의 자기개발을 유인하는 데에도 적극적인 노력을 기울였다. 그 대표적인 예로 1975년 4월부터 실시된 기성(技聖, Saint Technician)제도를 들 수 있다. 기능이 '성스러운' 경지에 도달한 사람들로 기성단을 조직하여 그들을 특별히 대우한다는 것이다. 기성단은 기성보(技聖補)와 기성으로 구성되는데 기성보에게는 과장 대우에 60세 정년이, 기성의 경우에는 부장 이상의 대우에 65세 정년이 보장된다. 기성단은 동일 분야에서 계속 근무하면서 공장장에 대한 참모역할과 해당 분야에 대한 직원교육 등을 담당하며 연 1회 해외연수를 비롯한 특별교육의 기회를 제공받는다. 특히 기성에게는 모든 자녀에 대한 교육장학금과 자가주택건립 자금이 지원되고 기성으로 10년 이상 근속할 경우에는 자녀특별채용의 혜택도 주어진다.

정부가 1970년대 중반에 추진했던 기능장(技能長) 우대 정책이 기업의 성의부족으로 무위로 그쳤던 반면, 포항제철은 기성제도를 통해 경력개발의 동로를 세노화하고 기성단을 파격적으로 대우함으로써 기능인력의 능력개발을 촉진하는 데 크게 기여하였다.

▲ 기성 1호의 탄생

포항제철에서 최초의 기성보와 기성으로 선발된 사람은 공작정비공장에서 오랫동안 일했던 연봉학이다. 그는 박태준을 제외하면 포항제철에서 카메라 플래시를 가장 많이 받은 사람으로 유명하다. 연봉학은 평안남도 출신으로서 고등학교 3학년 때 월남하여 대한중공업 등에서 근무한 후 1971년에 포항제철에 합류하였다. 연봉학 기성에게는 수많은 영웅담이 전해지는데 그 중에서 4고로에 대한 이야기는 빼 놓을 수 없다. 고로가 한쪽 방향으로 기울어진 것을 목격한 후에 고로의 외피를 일부분 절단함으로써 문제를 해결했다는 것이다. 연봉학은 다음과 같이 회고한다.

제선공장의 설비 상태를 점검하다가 고로가 한쪽으로 처진 것을 발견했습니다. 1천분의 7이 빗나간 아주 사소한 것이었지만 벨 로드(bell rods)의 정확한 조작이 불가능했지요. … 해외 전문가의 자문도 구했으나 헛수고였습니다. 결국 우리가 스스로 문제를 해결하기로 했습니다. 고로 외주의 225도 지점이 내려앉아 있었습니다. 고심 끝에 철피를 잘라내어 균형을 맞추기로 했지요. … 그리곤 반대편의 45도 지점을 절단했습니다. 로드는 수직을 유지하게 되었고 그 이후로의 고로 조업은 매우 순조로웠습니다.

1982년부터 포항제철은 인력양성의 새로운 방법으로 국내외 유학제도를 실시하였다. 그것은 기술능력이 점차적으로 향상됨에 따라 고급인력에 대한 수요가 증가했기 때문이라고 볼 수 있다. 해외연수는 짧은 기간에 이루어지고 대체로 즉각적으로 활용할 수 있는 기술을 습득하는 데 초점이 맞춰지는 반면, 국내외 유학의 경우에는 기술혁신활동을 주도할 수 있는 핵심인력을 양성하기 위하여 보다 장기적인 안목에서 추진되는 것이다. 1982~1992년에 국내외 유학은 박사학위과정 24명, 석사학위과정 65명, 연구과정 48명, 기능대학 48명 등 169명을 대상으로 실시되었다.

해외 유학의 혜택을 받은 사람 중에는 포항제철공고 출신의 박봉석이 있다. 그는 포항제철 열연부에서 7년 동안 근무한 후 1984년에 일본의 산업기술단기대학으로 유학을 가서 1986년에 철강공학과를 수석으로 졸업하였다. 일본의 어느 교수는 "호랑이 새끼를 키웠다."는 반응을 보였다고 한다.

5

i r o n a n d s t e e l

맨투맨 작전의 해외연수

물이 위에서 아래로 흐르듯이 기술도 선진국에서 후발국으로 전파되기 마련이다. 문제는 기술이 전파되는 속도와 정도이다. 기술이 빠른 속도로 이전되고 기술을 제대로 배우려면 선진국도 적극적이어야 하고 후발국도 열심히 해야 한다. 일본과 포항제철의 경우에는 이러한 두 가지 조건이 잘 들어맞았다. 일본에게는 포항제철소로 인한 경제적 이득과 함께 포항제철이 따라오지 못할 것이라는 우월감이 있었고, 포항제철에게는 하나라도 더 배우겠다는 열의와 함께 효과적인 기술학습을 뒷받침하는 제도가 있었던 것이다.

해외연수 중심의 기술훈련

포항제철은 창업기부터 기술훈련에 적극적인 노력을 기울였다. 그것은 포항제철이 해마다 3~4개의 항목으로 제시해 왔던 회사 운영목표에서 확인할 수 있다. 1968~1970년의 회사 운영목표에는 '기술자 훈련의 적극 추진', '기술훈련의 적극 실시', '기술적 능력의 배가'가 포함되어 있었던 것이다. 실제로 포항제철은 1968~1969년에 종합제철사업이 현실화되지 않아 자금 확보에 상당한 어려움을 겪고 있었지만 기술훈련에는 적극적으로 투자하였다. 예를 들어 1969년 2월에 제철연수원을 설치한 후 같은 해에 529명의 직원을 대상으로 교육훈련을 실시했으며, 1968~1969년에는 일본 철강업계의 협조를 바탕으로 39명의 핵심 요원이 해외연수를 받을 수 있게 하였다.

포항제철이 제철소 건설 및 운영에 필요한 기술을 습득했던 가장 중요한 원천은 해외연수였다. 그것은 "공장의 성공적인 건설이나 정상 조업이 가능했던 것은 무엇보다도 해외 위탁교육의 결과라고 할 수 있다."는 기록에서 단적으로 드러난다. 당시 국내 철강업계에서 축적된 기술은 소규모 설비를 가동하는 데 국한되어 있었으므로 대규모 일관제철소의 운영에 필요한 기술은 외국에 의존할 수밖에 없었던 것이다.

▼ 제철연수원의 어학교육 모습

해외연수는 처음에 기획 및 관리를 담당하는 기간직(基幹職) 대졸 사원을 대상으로 진행되었으나 1971년부터는 실제 조업 및 정비를 담당할 기능직 사원도 포함시켜 추진되었다. 해외연수의 유형에는 15~30일 동안의 시찰연수와 2~6개월에

걸친 현장훈련(on-the-job-training, OJT) 중심의 연수가 있었다. 포항제철소 건설사업을 통하여 해외연수를 받았던 인원은 총 1,861명으로 조업 835명, 정비 449명, 전산 275명, 기타 302명으로 집계되고 있다.

준비교육에서 사후관리까지

해외연수는 준비교육, 본교육, 사후관리의 단계를 거쳐 전개되었다. 포항제철은 해외연수 후보자를 2배수로 선정한 후 준비교육 결과에 따라 절반을 탈락시킴으로써 해외연수 대상자를 엄선하였다. 그들은 해외연수 파견에 앞서 3~6개월에 걸쳐 다양한 준비교육을 받았다. 준비교육의 내용에는 일상회화 및 철강용어에 대한 외국어 교육, 철강산업에 대한 기초지식, 외국에서의 교육방법 및 태도, 외국의 역사 및 지리에 대한 상식, 해당 분야의 전문지식이 포함되어 있었다. 전문지식에 대한 교육은 소속 부서장의 책임하에 이루어졌고 다른 교육은 제철연수원이 담당하였다. 해외연수요원이 선발되면 해당 분야별로 팀을 구성하여 해외연수의 목표를 구체적으로 설정한 후 훈련중점사항에 대한 교육이 집중적으로 실시되었다.

더 나아가 포항제철은 해외연수요원이 연수기관으로 출발하기 전에 "현재 자신이 맡은 일이 회사와 국가를 위해서 얼마나 중요한 일인지"에 대하여 정신교육을 실시하였고, "연수기관과의 계약사항인 커리큘럼이나 일정표에 구애받지 말고 맨투맨 작전으로 상대방의 기술을 빠짐없이 배워 오라."고 주문했으며, "연수자 중에서 성적이 불량한 사람들에 대해서는 강력하게 조치를 취할 것"이라는 경고도 서슴지 않았다. 고(故) 이병철 삼성그룹 회장은 포항제철의 해외연수에 대하여 다음과 같은 일화를 소개하고 있다.

언젠가 박태준 사장이 직원들을 일본에 연수를 보내면서 훈시하기를 "여러분은 각자 맡은 분야의 기술을 남김없이 습득해 와야 한다. 그러나 그것만으로는 부족하다. 그 이외에 다른 기술 한 가지 이상씩을 가지고 오라. 그렇지 않으면 귀국 후에 나를 다시 볼 생각조차 하지 마라."고 했다 한다. 연수생들은 연수를 마치고 돌아온 뒤 하나같이 박 사장에게 와서 약속대로 자기가 맡은 과목 이외의 기술 한 가지씩을 내놓더라는 것이다.

포항제철의 해외연수에서 가장 많은 비중을 차지했던 일본은 기술을 전수하는 데 적극적으로 협조하였다. 예를 들어 1969년에 무로란(室蘭)제철소에서 연수를 받았던 김기홍은 "일본 철강업계의

▶ 박태준 사장이 직원들에게 강의하는 모습

거두들이 친히 와서 명강의를 했고" "일본 사람들 특유의 치밀함과 친절 덕분에 3개월 후에는 제법 철강이 이런 것이구나 하는 개념을 이해하게 되었다."고 회고하였다. 또한 포항제철의 창립요원으로서 전무와 사장을 역임했던 고준식의 회고에 따르면, "가미이(神井詮正)가 무로란제철소의 부사장으로 재직하면서 우리 젊은 연수생들을 성심성의껏 돌봐주었으며" "그 당시 무로란제철소에서는 가장 최신의 열연기술이 막 도입되어 이를 적용하고 있었는데 자기네 비용을 써가면서까지 우리에게 전수하는 데 전력을 다했다."

일본이 적극 협력한 까닭은?

포항제철과 일본은 "한일경제협력의 가장 모범적 사례"라 불릴 정도로 긴밀한 협력관계를 유지하였다. 그렇다면 일본이 적극적으로 협력했던 이유는 무엇일까? 가장 중요한 이유로는 경제적 이익을 들 수 있다. 포항제철소 1기 사업은 당시 일본의 플랜트 수출액의 약 5분의 1에 해당하는 1억 달러 이상의 설비를 요구하고 있었다. 게다가 일본이 1기 사업에 협조할 경우에는 이후의 사업에 대한 참여도 보장될 가능성이 높았다. 일본 내부의 사정도 한몫을 했다. 당시에 일본에서는 공해문제가 심각하게 대두되고 인건비가 지속적으로 상승하면서 종합제철소를 추가적으로 건설하는 것이 어려워졌다. 그 밖에 일본이 포항제철소 건설사업과 같은 대규모 프로젝트에 주(主)계약자로 참여하기는 처음이었다는 점과 포항제철이 일본을 따라오지 못할 것이라는 심리적 우월감도 중요한 배경으로 작용했다고 볼 수 있다.

일본의 협조에 못지않게 중요한 점은 포항제철의 해외연수요원들이 교육훈련에 능동적인 자세를 보였다는 사실이다. 그들은 교육내용을 자세히 기록하면서 강사들에게 끊임없이 질문을 했으며 그래도 이해가 되지 않는 내용은 '언젠가는 큰 도움이 될 것'이라는 생각으로 암기하였다. 또한 포항제철의 해외연수요원들은 제철소 운영에 필요한 자료를 수집하는 데 엄청난 노력을 기울였다. 어떤 연수팀의 경우에는 "열두 상자나 되는 자료를 포항으로 우송하느라 큰 돈을 써버려 나중에는 연수비가 모자라 애를 먹을" 정도였다. 이에 대하여 일본의 기술자들은 "그들은 일본에 오기 전에 회사에서 자료를 많이 받아 올 것을 명령받고 있었던 것 같다." 혹은 "그들의 입장에서는 가지고 가는 자료의 두께가 연수실적에 비례한다는 공식을 가지고 있었다."고 회고하였다.

더 나아가 포항제철의 해외연수요원들은 현장실습으로 부족한 부분에 대해서는 일본의 담당 기술자들과 개인적인 친분을 쌓는 방법을 통해 보충하였다. 예를 들어 포항제철 초창기에 열연분야의 연수팀을 인솔했던 김종진은 다음과 같이 회고한다.

> 박 사장님은 일본에 가서 그들이 가르쳐주는 기술만 배워 오는 것이 아니라 가르쳐주지 않는 기술까지 모조리 눈에 담아 오라고 하셨습니다. 눈으로 담아 오라는 말씀은 수단과 방법을 가리지 말고 훔쳐 오라는 것 아닙니까? 그런데 그 당시에 무엇이 중요하고 무엇이 값비싼 것인지 알 수가 있었겠습니까? 도둑도 큰 도둑이 되려면 보석을 감정할 정도가 되어야 하는데, 알아야 진짜와 가짜를 가리지 않습니까?

죽을 똥을 쌌습니다. 일본 기술자들한테 술값이 엄청 들어갔어요. 설계도가 어디에 있는지 알 수도 없고 … 결국 나중에는 그 사람들이 일부러 캐비닛을 열어 놓고 피해 주더군요. … 어찌나 고마운지 … 그런데 기막힌 것은 파견된 우리 기술진들입니다. 아무리 만신창이가 될 정도로 술을 마셨어도 설계도만 보면 정신을 번쩍 차리고 주머니에 쑤셔 넣고 눈에 담곤 하는 겁니다. 진짜 왕도둑놈들이더군요. 눈물겨운 일이었습니다.

해외연수팀은 정규 교육이 끝난 뒤에도 개인적인 시간을 제약하면서 교육내용과 자료를 정리하는 것은 물론 당일 교육의 성과에 대한 토론회를 개최하여 문제점을 발굴하고 이에 대한 대책을 세웠다. 아울러 그들은 일주일에 한 번씩 개인의 연수 노트를 검사하여 성실한 요원에게 상을 주고 그렇지 못한 사람에게는 벌금을 부과하는 방법을 통해 면학 분위기를 조성하였다.

1972년에 진행된 고로조업에 관한 연수는 포항제철의 해외연수가 가진 또 다른 특징을 보여준다.

첫째, 당시에 국내에서는 고로조업에 대한 경험이 거의 없었기 때문에 포항제철 제선부는 가능한 한 많은 직원이 해외연수의 기회를 가질 수 있도록 변칙적인 방법을 동원하는 데에도 주저하지 않았다. 일본과의 기술용역계약에서는 작업장(作業長) 한 명당 6개월씩 연수를 실시하기로 되어 있었으나 포항제철 제선부는 조로기술원(操爐技術員)이라는 부(副)작업장 직제(職制)를 추가적으로 편성하여 연수인원을 증가시켰다. 이에 따라 제선 분야의 해외연수요원들은 고로조업에 대한 연수를 통해 작업장이 주상(鑄上) 작업을, 부작업장이 노황(爐況) 컨트롤을 담당하는 입체적인 훈련을 받을 수 있었다.

둘째, 포항제철 제선부의 연수요원들은 연수 중에 발생한 사고를 기회로 전환시켜 원래 계획에는 없었던 훈련을 받았다. 당시 연수기관이었던 가마이시(釜石)제철소에서는 노황부조(爐況不調) 현상으로 쇳물이 넘쳐 나와 노열이 급격히 떨어지고 노내 용융물의 흐름이 지연되는 사고가 발생하였다. 연수생들은 노황부조 사고를 복구하는 방식을 배울 수 있는 소중한 기회로 생각하고 일본 측을 설득하여 실제 상황에서 팀워크 훈련을 하였다. 그들은 각 파트별로 업무를 분담하여 발생하고 있는 현상과 이에 대처하는 방식을 치밀하게 관찰했는데 그때 사용되었던 공구류를 빠지지 않고 스케치하였다.

포항제철은 해외연수요원들을 체계적으로 관리하고 활용함으로써 교육훈련의 효과를 극대화하고자 했다. 해외연수요원들은 도착보고 및 결과보고를 의무적으로 해야 했으며 2개월 이상 장기연수의 경우에는 월 2회의 중간보고와 귀국예정보고가 추가되었다. 또한 해외연수요원들은 자신의 전문 분야에 보직되었으며 2년 동안 포항제철에 의무적으로 근무해야 했다.

이러한 인사상의 조치보다 더욱 중요한 것은 포항제철이 연수자료의 축적과 전파교육(傳播敎育)의 실시도 해외연수요원의 임무에 포함시킴으로써 해외연수의 결과를 적극적으로 활용하고자 했다는 점이다. 해외연수요원들이 가져온 각종 자료들은 거의 모두 마이크로필름으로 제작되어 직원 교육을 실시하거나 기술계획을 수립할 때 활용되었다. 또한 해외연수요원들은 신입 직원에 대한 전파교육을 통해 자신의 구체적인 경험과 신선한 아이디어를 전달하는 데 많은 노력을 기울였다. 앞서 언급한 고로조업연수의 경우 "30여 명의 일본 연수생들이 교사가 되어 100여 명의 조업요원에게 교육을 실시했다."고 한 점에 비추어 볼 때 전파교육을 받은 직원 수는 해외연수요원의 세 배를 넘어섰던 것으로 보인다. 이처럼 포항제철은 해외연수와 전파교육을 통해 공장이 완공되기 전까지 1일 3교대 근무에 필요한 조업요원을 구성할 수 있었다.

일본의 협력은 어디까지

포항제철이 해외연수를 통해 획득했던 대부분의 기술은 공장조업에 관한 것으로서 선진국에서는 이미 표준화된 성숙기술에 해당하였다. 이처럼 포항제철의 해외연수는 성숙기술을 대상으로 했기 때문에 기술습득이 상대적으로 용이하였고 빠른 시일 내에 가시적인 성과를 유발할 수 있었다. 그러나 철강산업의 경우 실제적인 설비가동을 통하지 않고서는 조업기술을 축적할 수 없으며 특히 1970년대 초반에는 생산공정이 충분히 전산화되지 않은 상태였기 때문에 현장훈련은 더욱 중요한 의미를 가지고 있었다. 더구나 일관제철소를 가동시켜 본 경험이 없었던 당시 한국의 입장에서는 대규모 철강설비에 대한 조업기술이 첨단기술에 해당하는 것이었다고 해석할 수 있다.

그러나 일본이 모든 영역에서 포항제철에게 도움을 준 것은 아니었다. 일본은 공장조업과 같은 성숙기술의 이전에는 호의적이었지만 전산이나 품질과 같은 고급기술의 이전은 상대적으로 기피하였다. 일본은 기술용역계약을 체결하면서 "전산화에 관한 협력은 제외한다."고 명기하였고 품질에 관한 것은 한 마디도 언급하지 않았다. 이처럼 일본은 공식적으로는 전산 및 품질에 관한 기술협력을 거부했지만 해외연수를 부분적으로 수용하고 포항 현장에서 해당 기술을 지도함으로써 전산 및 품질에 관한 기술습득을 간접적으로 지원하는 역할을 담당하였다. 예를 들어 1971년에는 수작업 공정관리에 국한되긴 했지만 생산관리 요원의 연수가 실시되었으며 1972년에는 품질관리 요원 3명이 파견되어 관련 자료를 확보할 수 있었다.

일본이 계속해서 기술이전에 협조한 것도 아니었다. 일본은 포항제철소 1~2기 사업에서는 기술을 전수하는 데 많은 노력을 기울였지만 3기 사업을 전후해서는 기술이전에 소극적인 자세를 보이기 시작하였다. 사실상 일본은 포항제철이 '아주 뒤떨어진 거리에서 따라오는 것'을 염두에 두고 있었는데 포항제철의 규모와 생산성이 점차적으로 향상되면서 잠재적인 경쟁자로 부상하게 되자 이를 견제하는 태도를 보였던 것이다.

이러한 점은 포항제철소 2기 사업과 3기 사업이 끝난 직후에 <조선일보>가 일본의 관계자와 실시했던 인터뷰 내용을 비교해 보면 잘 알 수 있다. 1976년에 신일본제철의 기술협력사업부장이었던 아리가(有賀敏彦)는 "포항제철의 경우만큼 두 나라 기술진 사이에 완전한 의미의 협력이 이루어진 예는 없었다."고 평가했던 반면, 1978년에는 신일본제철의 사이또(齋藤英四郎) 사장이 "포철의 기술흡수력이 너무 뛰어나 일본과의 경쟁을 걱정하는 사람도 있다."고 언급했던 것이다. 일본의 기술협력에 대하여 1972년에 대졸 신입 사원으로 입사하여 제선부에서 근무했던 이일옥은 다음과 같이 회고한다.

> 처음에 우리는 인간적인 대접은 받지 못했지만 기술은 잘 배웠다. 그러나 공장 가동 후 3~5년이 지나자 일본의 태도는 완전히 달라졌다. 인간적인 대우는 좋아졌지만 기술전수는 받지 못했다. 일본의 기술자들은 원론적인 이야기만 할 뿐 깊이 있는 노하우에 대해서는 입을 닫았다. 포철이 좋은 성적을 내면서 빨리 뒤쫓아오기 때문이었다. 벌써 우리 수준이 이렇게 되었나 싶어서 묘한 감정이 들었다.

일본의 견제는 포항제철에서 생산된 제품이 1970년대 후반부터 일본 시장에 본격적으로 진출하면서 더욱 심화되었고 1980년대 초반에 광양제철소 건설사업이 추진될 때는 일본이 공식적인 기술협력을 거부하게 된다.

6

i r o n a n d s t e e l

현장에서 꽃핀 기술습득

산업화의 과정에는 기술발전도 병행되기 마련이다. 그런데 선진국과 개발도상국의 기술활동은 상당한 차이를 보인다. 선진국에서는 새로운 기술을 개발하는 데 초점이 맞춰지지만 개발도상국에서는 선진국의 기술을 습득하는 것이 일차적인 과제가 되는 것이다. 이러한 현상은 포항제철의 경우에도 잘 나타난다. 1970년대 포항제철의 기술활동은 해외연수를 통해 기술을 배우고 그것을 제철소 현장에서 재현하면서 보완하는 양상을 띠고 있었다.

공장가동에 철저히 대비하라

포항제철은 해외연수를 통해 조업기술을 획득하는 한편 공장가동에 체계적으로 대비함으로써 정상조업도를 조기에 달성하고자 하였다. 이를 위하여 건설공사가 끝난 뒤에 별도로 조업 및 정비조직을 구성하는 것이 아니라 처음부터 조업요원과 정비요원을 편성하여 조업요원이 건설공사를 주관하고 정비요원이 공사감독을 담당하는 체제가 구축되었다. 그 결과 조업요원과 정비요원은 공장이 건설되는 단계에서 이미 해당 설비의 내용을 숙지할 수 있었고 그것은 원활한 공장조업과 설비관리를 도모할 수 있는 기반으로 작용하였다.

또한 포항제철은 공장이 완공되기에 앞서 설비를 시험적으로 가동하는 과정을 거치게 함으로써 설비의 결함으로 인하여 발생할 수 있는 문제점을 사전에 제거하였다. 예를 들어 열연공장의 경우는 완공 2개월 전부터, 제선공장의 경우는 완공 4개월 전부터 시운전이 실시되었다. 제선공장의 시운전 기간이 상대적으로 길었던 것은 고로가 한 번 화입(火入)을 하면 가동을 중지할 수 없는 설비이므로 시간이 좀 걸리더라도 사전에 결함 여부를 확인하는 것이 매우 중요했기 때문이다. 설비의 시험가동에 대하여 박태준은 다음과 같이 회고한다.

> 우리가 (제철소 가동 초기부터) 이익을 낼 수 있었던 또 하나의 요인은 설비를 조기에 시험가동한 방법입니다. 제철소가 완공되면 가동되기 전에 반드시 테스트를 거치고 미세한 조정을 해야 합니다. 그렇지만 정상적으로 하면 보통 6개월이나 걸립니다. 우리는 설치하면서 설비 전체를 테스트했기 때문에 결과적으로 그 기간을 3개월로 단축할 수 있었습니다.

더 나아가 포항제철은 제철소가 가동되기 전에 조업대비 훈련을 적극적으로 실시하였다. 예를 들어 제선공장의 경우는 완공 6개월 전인 1972년 12월에 조업대비 업무를 분류한 후 각 업무를 개시하고 완료하는 시점을 도출하였다. 이러한 계획을 바탕으로 1973년 2~5월에는 조업요원 56명을 대상으로 전문교육, 실기 및 팀워크 훈련, 종합훈련의 3단계에 걸쳐 조업대비 훈련이 추진되었다. 전문교육은 해외연수요원을 중심으로 일곱 개반이 편성되어 371개에 달하는 교육항목에 대하여 2월 26일부터 3월 31일까지 실시되었다. 실기 및 팀워크 훈련은 설비 시운전 기간과 연동하여 설비조작 및 모의조업을 위주로 140개의 훈련항목에 대하여 4월 1일부터 5월 15일까지 전개되었다. 종합훈련은 고로 건조(乾燥) 기간을 활용하여 고압 조건에서의 시운전 방식으로 5월 18~21일에 이루어졌다. 이러한 훈련이 끝난 후에는 설비를 최종적으로 점검하고 불완전한 요소를 사전에 보완하는 작업이 전개되었다.

정상조업의 조기 실현

해당 설비가 가동된 후의 조업은 각 공정별로 해외연수를 받았던 대졸 엔지니어가 책임을 맡고 다른 기술자와 기능공이 보조원의 역할을 담당하며 일본의 기술자가 자문을 해 주는 방식으로 진행되었다. 포항제철의 대졸 엔지니어가 해외연수에서 조연(助演)을 담당했다면 조업현장에서는 주연(主演)의 역할을 했던 것이다. 특히 포항제철은 일본의 퇴직기술자들을 1~2년간 기술고문으로 고용하여 조업을 지도하도록 함으로써 이들로부터 풍부한 현장 경험을 전수받을 수 있게 하였다.

그러나 해당 설비가 가동된 후 정상조업의 단계에 진입하는 것은 쉬운 일이 아니었다. 예를 들어 제선공장에서는 1973년 6월 8일부터 용선이 배출되기 시작했지만 6월 11~14일에 누수(漏水)로 인해 고로 내부가 고체 상태로 되어 조업이 중단되는 냉입(冷入) 사고가 발생하였다. 포항제철의 직원들은 출선구에 문제가 있는 것으로 판단하고 순간적으로 단수를 한 후 급수 중에 물감을 탄 물을 주입하는 '물감 테스트'를 실시했지만 누수 지점을 찾을 수 없었다. 이러한 상황을 타개하는 데에는 신일본제철의 퇴직기술자로서 제선공장의 기술고문으로 있었던 핫도리(服部)가 중요한 역할을 담당하였다. 당시에 많은 사람들은 출선구에서 누수 현상이 발생하는 것으로 간주하고 있었지만 핫도리는 배수 지점을 압력계로 점검한 후 출선구가 아닌 송풍구에 이상이 있다는 것을 확인하였다. 또한 고로의 온도를 낮추기 위하여 해수(海水)를 사용하자는 견해도 있었지만 핫도리는 담수(淡水)를 그대로 사용해도 무방하다는 의견을 제시하였다. 핫도리의 적절한 조언을 바탕으로 포항제철의 직원들은 냉입 사고를 원활하게 수습할 수 있었고 그러한 과정에서 현장문제해결(trouble-shooting)에 대한 능력을 배양할 수 있었다.

포항제철의 직원들도 제철소 현장에 필요한 지식과 경험을 습득하는 데 매우 적극적인 자세를 보였다. 그들은 교대 근무시간에도 퇴근하지 않고 하루에 16시간 이상 현장에 상주하면서 원활한 공장 가동을 도모했으며 조업상의 문제점과 대책에 대하여 스스로 연구하고 그 결과를 동료들과 공유하였다. 또한 포항제철의 직원들은 조업현장에서도 해외연수의 경우와 유사한 방식으로 일본 기술자로부터 기술을 전수받는 데 적극적인 노력을 기울였다. 그들은 보다 많은 지식을 획득하기 위하여 일본 기술자들의 발언 내용을 남김없이 기록했으며 퇴근 후에도 일본 기술자와 접촉하여 많은 정보를 수집하였다. 당시 일본의 어떤 기술자는 "우리의 주변에는 늘 공책을 들고 있는 포항제철 직원이 있어서 마치 교주라도 된 듯한 느낌이 들었다."고 회고한 바 있다. 특히 당시 조업현장에서는 일본 기술자와 포항제철 직원 사이에 파트너십이 형성되어 있었기 때문에 개인적인 친분에 입각한 비공식적인 기술학습이 촉진될 수 있었다.

공장가동 초기의 사고가 수습되고 직원들이 공장조업에 익숙해지면서 포항제철의 조업기술 수준은 빠른 속도로 향상되었다. 제선공장의 경우에 일본의 기술진은 포항제철소 1고로와 규모가 비슷한 일본 제철소들의 조업도를 감안하여 1일 출선량(出銑量)이 설계용량에 도달하는 기간을 설비 완공 후 12개월로 조언하였다. 그러나 포항제철은 6개월 내에 정상조업도를 실현하는 것을 목표로 삼았고 실제적으로도 그 기간이 107일로 단축되었다. 또한 전로가 가동된 지 5개월 후의 출강률(出鋼率)은 1일 m³당 1.5~2.0톤으로서 일본이 제안했던 1.0톤을 크게 넘어섰다. 열연공장의 실수율도 조업 1개월 후 50%, 5개월 후 90%로 계획되었지만 실제적으로는 조업 1개월 후에 92.6%를 기록하였다.

공장이 정상적으로 가동된 이후에는 외국 기술자에 대한 의존도가 현저히 감소되었고 4~5개월 정도의 조업경험이 축적된 이후에는 현장 노하우가 충분히 습득될 수 있었다. 외국 기술자에 대한 의존도가 감소했다는 것은 2기 사업부터는 일본과의 기술용역계약에 조업지도가 포함되지 않았고 일본의 퇴직기술자를 기술고문으로 채용하는 계약이 1회로 종료되었다는 점에서 확인할 수 있다. 이처럼 포항제철은 제철소 가동에 필요한 기술을 조기에 축적할 수 있었는데 그것은 기술발전이 기술도입 측의 주체적인 노력을 매개로 이루어진다는 점을 잘 보여준다.

1970년대 기술혁신의 성과와 한계

1970년대를 통하여 포항제철의 기술능력이 발전함에 따라 선진국에 대한 의존도가 점차적으로 축소되었다. 그것은 포항제철이 일본과 맺었던 기술용역계약의 추이를 살펴보면 잘 알 수 있다. 표5에서 보듯이, 포항제철소 1기 사업에서는 종합기술계획 작성, 구매사양서 작성, 설계도면 검토 등과 같은 거의 모든 내용을 일본에 의존했으나, 2~3기 사업에서는 구매사양서 작성과 설계도면 검토를

구 분	1기	2기	3기	4기	4기 2차
사업계획 작성	○	○	○	○	○
종합기술계획 작성	×	×	×	○	○
종합기술계획 검토	×	×	×	×	○
구매사양서 작성	×	○	○	○	○
구매사양서 검토	△	△	○	○	○
설계도면 검토	×	△	○	○	○
건설 지도	×	○	○	○	○
조업 지도	×	○	○	○	○
용역비(천달러)	6,200	5,880	1,770	428	-

※ ×=해외용역, △=부분 용역, ○=자력수행

◀ 표5 포항제철소 건설사업의 기술용역 계약 추이

스스로 수행하기 시작했으며, 4기 사업 이후에는 종합기술계획 작성 및 검토도 거의 국내 기술진에 의해 이루어졌다. 포항제철이 1980년을 전후로 종합기술계획에 관한 작업을 스스로 수행할 수 있었던 것은 과거의 경험을 통해 기술기획을 담당하는 전문인력이 양성되고 철강설비에 관한 자료가 축적되었기 때문이었다.

포항제철은 조업기술의 축적을 바탕으로 다른 개발도상국을 대상으로 기술연수를 실시하기도 했다. 대만철강공사는 가오슝(高雄) 제철소 1기 조업에 대비하여 1976년 10월에 포항제철과 30만 달러의 금액으로 위탁연수계약을 체결하였고, 포항제철은 1977년 1~4월에 대만철강공사의 기술요원 42명을 대상으로 제강공장의 조업과 정비에 관한 현장실습을 지도하였다. 공장을 가동한 지 4년도 되지 않아 다른 국가에 기술을 수출했다는 사실은 그만큼 포항제철이 빠르고도 충분하게 기술을 축적했다는 점을 보여준다.

1970년대에 포항제철이 가장 빠른 속도로 발전시킨 기술은 조업기술이었다. 포항제철소 확장사업이 전개되면서 고로의 정상조업도 달성 기간은 점차 단축되었고 주요 공장의 실수율은 지속적으로 향상되었다. 포항제철이 보유하고 있던 조업기술의 수준은 다른 국가와의 비교를 통해 판단해 볼 수 있다. 1978년을 기준으로 실수율

구분	기준년도	미국	일본	서독	프랑스	영국	포항제철
종합실수율(%)	1978년	72	85	75	77(EC 전체)		81
에너지원단위(만kcal/톤)	1978년	765.0	514.1	630.0	627.5(EC 전체)		583.5
제품 톤당 노동시간(시간/톤)	1980년	9.6	9.2	11.0	11.2	41.2	10.4
	1981년	9.1	9.5	11.0	11.3	41.9	9.7

▶ 표6 주요국 철강산업의 생산성 비교

은 81%로서 일본의 85%에는 뒤떨어졌지만 미국, 서독, 프랑스, 영국을 앞서고 있었다. 에너지원단위에서는 1978년에 583만kcal를 기록하여 일본을 제외한 다른 선진국보다 효율적으로 에너지를 사용하고 있었다. 제품 1톤당 노동시간은 1980년과 1981년에 각각 10.4시간과 9.7시간으로 미국 및 일본보다는 길었지만 유럽 국가보다는 짧았다(표6 참조). 당시에 미국, 일본, 서독, 프랑스, 영국이 자유세계의 5대 철강국이었다는 점을 감안한다면 포항제철은 1980년을 전후하여 일본을 제외한 다른 선진국을 능가하는 생산성을 달성했다고 볼 수 있다.

포항제철은 조업기술의 향상과 철강재 수요의 증가를 배경으로 1970년대 후반에는 95% 내외, 1980년대 초반에는 100%를 넘어서는 설비가동률을 보였다. 물론 설비가동률의 향상에는 조업기술의 발전보다 철강재 수요의 증가가 더욱 중요한 원인으로 작용한다. 그러나 철강재 수요에 대한 여건이 비슷한 경우와 비교할 때 나타나는 설비가동률의 추가적인 차이는 조업기술의 수준에서 기인하는 것으로 풀이할 수 있다. 이와 관련하여 브라질과 인도는 한국과 마찬가지로 1970년대를 전후로 철강재 수요가 급증하고 있었지만 브라질의 주요 제철소는 90% 내외의 설비가동률을, 인도의 경우에는 80% 내외를 기록하는 데 그쳤다.

포항제철소를 가동하는 과정에서는 기술을 습득하는 것뿐만 아니라 개선하는 데에도 많은 노력이 기울여졌다. 외국에서 도입된 기술을 생산현장에서 활용하는 과정에서는 기술제공자에 의해 해답이 주어지지 않은 수많은 문제점이 발생하며 그것에 대한 해결방안이 모색되면서 생산현장의 여건에 적합하도록 기술이 개선되는 것이다. 1970년대 포항제철의 기술개선 사례로는 출선구 개공(開空) 작업의 개선, 고로 설비의 부분적 개조, 제강공장의 랜스 노즐(lance nozzle) 개조, 열연공장 가스 절삭대의 구조 변경, 냉연공장 스탠드 권축(卷軸)의 추가 설치 등을 들 수 있다. 1970년대의 기술개선은 주로 원가절감을 위하여 해당 설비를 간단하게 개조하고 설비 조작법을 부분적으로 변경하며 몇몇 장치를 추가적으로 설치하는 성격을 띠고 있었다.

1970년대를 통하여 기술혁신의 성과가 가장 미진했던 영역은 제

포항제철의 자주관리운동

우리나라 대부분의 기업들이 생산현장에서의 원가절감과 기술개선을 도모하기 위하여 채택한 제도는 일본에서 발달했던 자주관리운동(自主管理運動)이었다. 자주관리운동은 '직원 개개인이 회사의 주인' 이라는 기본이념을 바탕으로 집단적 혹은 개인적 차원에서 회사의 업무를 자발적으로 개선하기 위한 활동이다. 포항제철의 자주관리운동은 1973년 11월부터 "스스로 발견하고 스스로 시정하자."는 기치 아래 무결점(Zero Defect, ZD)을 목표로 추진되었다. 자주관리운동의 구체적인 형태에는 분임조활동과 제안활동이 있었는데 이를 매개로 1980년까지 6,927건의 제안이 수행되어 총 104억 2,500만 원의 원가를 절감할 수 있었다. 우수한 결과에 대해서는 소정의 보상금도 지급되었다. 1980년의 경우 분임조활동에 6,250만 원(건당 20,675원), 제안활동에 653만 원(건당 8,769원)의 보상금이 지급되었다.

품품질의 향상이나 신강종 개발과 같은 제품혁신에서 찾을 수 있다. 품질 수준에 대한 대표적인 지표인 불합격률은 1970년대 중반 이후에 점차적으로 감소되는 경향을 보였지만 그것은 보통강에 국한되어 있었다. 또한 새로운 강종이 지속적으로 개발되긴 했지만 일본의 절반 수준에 지나지 않았다. 1981년을 기준으로 포항제철의 강종개발 수는 254종이었던 반면 당시 일본에서는 546종의 강종이 개발되어 있었던 것이다.

1970년대에 포항제철은 보통강에 크게 의존하는 생산구조를 가지고 있었다. 포항제철의 고급강 생산비율은 1980년에도 4.5%에 지나지 않았다. 그것은 고급강 생산을 위한 기술축적이 미약하고 고급강에 대한 수요가 적었기 때문이었다. 고급강은 조업상의 노하우를 획득하는 데에도 상당한 기술축적이 요구되고 다양한 요소기술이 뒷받침되어야 하는데 당시에 포항제철은 이러한 조건을 갖추지 못하고 있었다. 또한 1970년대를 통하여 한국은 급속한 경제성장을 배경으로 막대한 철강 수요를 창출하고 있었지만 그것은 대부분 보통강에 대한 수요였으며 고급강에 대한 수요는 매우 적거나 간헐적이었다. 1970년대에 포항제철은 양산체제의 구축과 조업기술의 향상을 바탕으로 보통강을 저렴하게 생산하여 공급하는 데 주력했던 것이다.

3부 광양제철소의 건설과 기술추격

7

ironandsteel

바다 위의 최신예 제철소

공부하는 방법 중에 복습, 즉 반복학습만큼 좋은 게 없다. 포항제철소 건설사업에 이어 광양제철소 건설사업도 담당하게 됨으로써 포항제철은 복습의 기회를 맞이하게 되었다. 두 번째 일은 첫 번째 일보다 더욱 나아져야 하는 법이다. 그러나 예기치 않은 상황은 발생하기 마련이며 포항제철은 그것을 극복하기 위한 대책을 강구해야만 했다. 광양제철소 건설사업은 포항제철소 건설사업에 비해 무엇이 달라졌는가?

광양제철소 건설사업이 있기까지

우리나라에서는 1973년부터 철강, 화학, 비철금속, 기계, 조선, 전자산업을 6대 전략산업으로 선정하여 집중적으로 육성한다는 중화학공업화 정책이 추진되었다. 철강산업의 경우에는 포항제철소 건설사업에 이어 제2종합제철사업이 모색되었다. 제2종합제철사업에서는 사업의 주체와 제철소의 부지를 놓고 격렬한 논쟁이 벌어졌다. 결국 사업의 주체는 1978년 10월에 포항제철이, 제철소의 부지는 1981년 11월에 광양만이 선택되었다. 포항제철소 건설사업이 정부에 의해 포항제철에게 주어진 것이었다면 광양제철소 건설사업은 포항제철이 쟁취한 것이었다.

제2종합제철사업의 주체로는 현대와 포항제철이 경합하였다. 현대는 철강산업에 대한 진입장벽의 철폐, 효율적인 경쟁 체제의 구축, 제철소의 조기 건설 등을 강조하였고 포항제철은 축적된 경험 및 기술의 활용, 국제경쟁력의 확보, 사적 이윤에 의한 폐해 등을 거론하였다. 당시에 청와대 비서실은 제2종합제철사업을 민영화해야 한다는 현대의 입장을 지지하고 있었으므로 포항제철은 주요 언론과 경제관료에 대한 영향력을 강화하는 방법을 통해 최종적인 의사결정을 유보시켰다. 결국 최고의사결정권자인 박정희는 기업의 전문화를 촉진하려는 의도를 가지고 포항제철을 선택하였다. 당시에 박정희는 다음과 같이 말한 것으로 전해진다. "정주영, … 일을 불도저처럼 하는 분이지. 일을 많이 했지! … 그러나 역시 제철은 박태준이야!"

제2종합제철사업의 입지로는 여러 지역이 거론되다가 포항제철이 사업의 주체로 선정된 이후에는 아산만과 광양만이 경합하였다. 건설부 관계자는 아산만을, 포항제철은 광양만을 염두에 두었다. 사실상 광양만이나 아산만은 자연 상태로는 최적의 입지가 아니었다. 아산만은 조수간만의 차이가 컸고 광양만은 연약지반으로 구성되어 있었던 것이다. 이에 대하여 포항제철은 광양만의 단점을 보완할 수 있는 대책을 마련하면서 최고의사결정권자인 전두환이 공무원의 부패에 민감하다는 점을 활용하여 자신의 주장을 관철시킬 수 있었다. 당시에 전두환은 다음과 같이 말한 것으로 전해진다. “제철소 입지는 실수요자인 포철이 잘 알 테니까 포철의 건의대로 광양으로 결정합시다. 건설부 공무원들, 아산에 땅을 많이 사두었더구만.”

세계에서 가장 짧은 생산라인

제2종합제철의 입지가 광양만으로 결정되자 포항제철은 1981년 12월에 건설사무소를 개소하여 공장부지를 조성하는 작업에 착수하였다. 총연장 13.6㎞의 제방을 건설하는 공사에서는 포항제철 감사팀이 공사품질이 불량한 지역을 수시로 점검하여 건설업체의 재시공을 요구하였다. 준설매립 공사는 국내 준설선의 약 60%가 동원되고 경부고속도로 건설사업에 사용된 흙의 약 1.5배가 투입되는 등 당시로서는 우리나라 역사상 최대의 규모에 해당하였다. 광양제철소 부지조성에서 최대의 관건이었던 연약지반의 개량을 위해서는 여덟 명의 직원이 일본에서 해외연수를 받았다. 그 공사에서는 지반에 40㎝의 스틸 파일(steel pile)을 박아 그 안에 모래를 가득 채우면 흙 속에 포함된 수분이 강제로 배출되어 지반의 지지력이 강화되는 ‘모래말뚝 공법’이 사용되었다.

이러한 과정을 거쳐 인공적으로 조성된 광양제철소의 부지는 사각형의 형태를 띠고 있었기 때문에 공장을 효율적으로 배치할 수

▲ "모래말뚝 공법"을 사용한 연약지반개량공사

있는 장점을 가지고 있었다. 포항제철소의 경우에는 기존의 자연조건을 최대한 활용함으로써 공장배치가 "U자형"을 띠고 있었지만 광양제철소의 경우에는 인공적으로 조성된 부지 위에 공장을 "I자형"으로 배치했던 것이다. 이로 인하여 광양제철소는 제선공정에서 열연공정에 이르는 거리가 1.5㎞에 불과해 비슷한 규모의 제철소로는 세계에서 가장 짧은 생산라인을 보유할 수 있게 되었다.

포항제철은 광양제철소를 건설하면서 직선형 공장배치를 바탕으로 최신예 설비를 도입하고 생산관리 시스템을 전산화함으로써 용선에서 8시간 30분 만에 열연코일을 생산할 수 있었다. 그것은 일반 제철소의 4~5일과 포항제철소의 12시간에 비해 크게 단축된 것이었다. 만약 아산만이 제2종합제철의 입지로 선택되었더라면 직선배치가 불가능하여 광양제철소와 같은 뛰어난 생산성을 달성하기는 어려웠을 것이다. 이와 관련하여 세계적인 철강전문가인 바넷

(Donald F. Barnett)은 1990년대 초반에 "철광석과 석탄에서 제선, 제강을 거쳐 열연, 냉연, 그리고 마지막 선적까지 매우 효율적인 물류를 가진 광양제철소의 배치는 필자가 본 모든 제철소 중 최고였습니다."라고 지적한 바 있다.

설비공급선의 다변화

광양제철소 건설사업을 추진할 때 일본은 포항제철소 건설사업의 경우와 달리 처음부터 호의적인 태도를 보이지 않았다. 포항제철은 1982년 1~5월에 광양제철소 1기 사업에 대한 종합기술계획서를 작성한 후 신일본제철에게 검토를 요청했지만 거절당했던 것이다. 그것은 당시에 일본의 철강업계가 극심한 불황을 경험하고 있었던 반면 한국의 철강재는 일본 시장을 본격적으로 잠식하고 있었기 때문이었다. 일본의 철강업체들은 한국 철강재의 대일 수출물량이 1981년에 1백만 톤에 달하고 일본의 철강재 수입량 중에서 한국이 차지하는 비중이 80%까지 증가하자 1981년을 "부메랑 원년"으로 칭하면서 포항제철을 견제하기 시작하였다. 『포항제철 25년사』는 당시 일본의 분위기를 다음과 같이 전하고 있다.

> 일본의 철강업계는 "포항제철은 일본 기술 및 자본으로 건설된 만큼 여기서 생산되는 제품을 한국 내 판매에만 한정할 것을 확약하지 않는 한 차후 포항제철이 제철소를 증설할 때 일본측은 당연히 기술제공을 거부해야 할 것"이라고 주장했다. 일본의

철강업계가 극심한 불황으로 60% 선의 가동률과 막대한 적자로 고통을 당하고 있는 터에 … 당사의 제품이 일본의 수출시장과 국내시장마저 가속적으로 잠식하고 있는 상황에서 "일본이 또 다시 포항제철의 새로운 제철소 건설에 기술을 제공한다는 것은 양호유환(養虎遺患)의 우(愚)를 범하는 것"이라는 견제심리가 대두된 때문이었다.

결국 포항제철은 독일 티센(Thyssen)사의 자문을 바탕으로 종합기술계획서를 완성하였다. 광양제철소 1기 사업을 추진하면서 종합기술계획서를 검토하는 단계를 추가했던 것은 국내의 기술능력이 부족했기 때문은 아니었다. 포항제철소 건설사업을 통해 이미 기술기획에 관한 지식과 경험이 축적되어 있었고 1980년대에는 설비기술본부를 중심으로 외국의 최신 설비에 대한 정보를 수집하여 연구하는 작업이 집중적으로 추진되었다. 포항제철이 광양제철소 1기 사업을 추진하면서 외국과 기술용역계약을 체결하려고 했던 것은 설비와 자금을 원활하게 조달하기 위한 사전 조치의 성격을 띠고 있었다.

광양제철소 건설사업에 대한 일본의 협력이 불가능해지자 포항제철은 그동안 일본에 편중되었던 설비공급선을 다변화하는 작업을 본격적으로 추진하기 시작하였다. 일본이 세계 최고의 철강기술국인 것은 사실이었지만 세부적으로는 유럽이 앞서 있는 분야도 많았고, 포항제철은 다양한 설비와 기술을 선택적으로 도입하여 이를 하나의 제철소에 통합하는 데 어느 정도의 자신감을 가지고 있었던 것이다. 포항제철의 설비구매단은 1983년 5월에 유럽으로 가서 광양제철소 건설사업이 한국의 철강재 수요 증가에 대처하기 위한 것이지 세계 시장을 겨냥한 조치가 아니라는 점을 강조하면서 설비공급업체들과 협상을 벌였다.

포항제철과 유럽의 설비구매협상이 본격적으로 전개되면서 일본의 설비공급업체들도 광양제철소 건설사업에 지대한 관심을 보이기 시작하였다. 당시에는 세계적인 불황으로 플랜트의 수주가 거의 단절되었기 때문에 설비공급업체들로서는 광양제철소와 같은 대형 제철소에 설비를 공급하는 것이 회사의 생존과 직결되어 있었다. 포항제철은 일본 철강업계의 입장에서는 경쟁자였지만 설비공급업체의 입장에서는 고객이었고, 이러한 점에서 광양제철소 건설사업에 대한 일본의 협력을 도출할 수 있는 여지가 있었던 것이다.

일본의 설비공급업체들은 "유럽업계가 적극적으로 참여하고 있는 마당에 일본이 광양제철소 건설에 대한 참여를 주저할 필요가 없다."고 지적하고 "끝까지 일본의 고로사들이 참여를 거절한다면 독자적으로 광양제철소 건설에 참여하겠다."고 강조하였다. 일본 철강업계는 수많은 논의 끝에 "세계 철강업계와의 관계상 설비공급업체들이 주체가 되지만 신일본제철 등 일본의 고로사들이 간접 협력의 방식으로 기술을 제공할 것"이라는 방침을 확정하였다. 당시에 일본의 경단련(經團聯) 회장을 맡고 있었던 이나야마(稻山嘉寬)는 "부메랑이란 그것을 사용하는 사람이 올바르게 쓰지 못했을 때 자신에게 되돌아와 피해를 주는 것이지 그 사용법을 제대로 알고 쓴다면 결코 그러한 일은 없을 것"이라고 지적하면서 일본의 철강업체에 대하여 광양제철소 건설사업에 협력하도록 설득했다고 한다.

광양제철소 건설사업에서는 포항제철소의 경우와 달리 처음부터 설비국산화의 확대가 중요한 문제로 부상하였다. 한국 경제는 1979년 이후 심각한 불황 국면을 맞이하고 있었고 국내 중공업계는 대형 설비의 수주 부족으로 1980년대 초반에 40% 정도에 불과한 가동률을 보였다. 이러한 배경에서 포항제철은 외국업체와 국내업체가 컨소시엄을 구성하여 설비를 공급하는 제도를 의무화함으로써 설비국산화 비율을 제고하고자 하였다. 특히 포항제철은 외국업체

광양제철소 설비국산화의 한계

광양제철소의 설비국산화에는 성과도 있었지만 한계도 있었다. 설비국산화의 비율과 대상은 점차적으로 확대되었으나 주요 설비에 대한 컨소시엄은 계속해서 외국업체가 주도했던 것이다. 이에 대하여 포항제철의 공식 자료는 국내 중공업계의 기술능력이 부족하여 첨단설비를 제작할 수 없었으며 국내업체가 컨소시엄 제도를 악용하여 외화도피와 같은 문제점을 유발했다고 기록하고 있다. 반면 자본재 산업의 기술혁신에 관한 한 보고서는 "포항제철이 공장을 빨리 지어 생산을 늘리고 이익을 남기는 것에 주력했기 때문에 기술적 불확실성이 적은 외국업체를 선호함으로써 설비국산화의 기회를 놓쳤다."고 지적하였다. 예를 들어 그 보고서는 "한국중공업과 미쓰비시가 압연공장 건설을 공동으로 수행하여 관련 기술을 습득한 후 외국 주도에서 국내 주도의 컨소시엄으로 전환할 계획이었으나 시간제약 때문에 (그 계획이 실현되지 않아) 국내업체는 조립업체에 머물고 말았다."고 평가하였다.

가 견적서를 제출할 때 '신기술 제공 확약서'를 첨부하게 하여 국내 업체가 관련 기술을 확보할 수 있도록 조치하였다. 광양제철소 1~4기 사업을 통해 설비국산화 비율은 49.4%, 55.4%, 61.3%, 63.1%로 점진적으로 증가하였다.

광양제철소의 설비는 경쟁입찰방식을 통해 도입되었다. 포항제철소 건설사업에서는 설비공급업체들의 경쟁을 통해 후보를 압축한 후 가장 좋은 조건을 제시하는 업체와 수의계약을 체결했지만, 광양제철소 건설사업에서는 계약조건을 사전에 제시한 후 해당 업체들을 대상으로 공개적인 경쟁입찰을 실시하는 보다 적극적인 방법이 사용되었던 것이다. 특히 포항제철은 우수한 설비와 기술을 보장받기 위하여 경쟁입찰에 응한 외국업체를 대상으로 두 차례에 걸쳐 견적서를 받았다. 1차 견적서를 접수한 다음에 설비공급 실적이 많은 일본업체들과의 검토회의를 통해 설비와 기술의 내역을 확정한 후 그것을 바탕으로 다시 외국업체들이 견적서를 수정하여 제출하게 했던 것이다.

제선설비는 일반적인 예상과 달리 일본의 이시가와지마하리마중공업(IHI)이 아닌 영국의 데이비(Davy McKee)가 선택되었다. 처음에 포항제철은 이전에 고로를 제공해 왔던 IHI를 염두에 두었다. 실제로 포항제철은 "이미 일본의 기술에 숙달되어 있으므로 다른 제작업체가 공급하는 고로를 사용하는 것은 비효율적"이라고 간주하면서 "고로는 1기를 발주하면 남은 고로의 발주도 사실상 약속한 것과 같으므로 처음에 다소 저렴한 가격을 제시하더라도 손해는 아니다."는 입장을 IHI에게 전달하기도 했다. 그러나 IHI는 데이비보다 20%나 비싼 가격으로 견적서를 제출함으로써 입찰은 데이비의 승리로 끝났고 이에 따라 아시아에서 처음으로 영국식 고로가 건설되기 시작하였다.

열연설비의 경우에는 미쓰비시중공업이 최저가로 입찰하기 위한 고육지책(苦肉之策)으로 아홉 개 그룹의 예비부품 중에서 다섯 개 그룹만 공급한다는 견적서를 제출하였나. 포항제철은 미쓰비시에게 "입찰을 포기하든지 아니면 예비부품을 포함시키든지 둘 중에 하나를 선택하라."는 압력을 가하면서 입찰결과 발표 시각을 네 시간 연기하였다. 결국 미쓰비시중공업은 포항제철의 요구를 반영한 새로운 견적서를 제출하였다. 실제 입찰 결과는 포항제철이 예비부품을 추가적으로 확보하는 데 필요한 비용을 부담한다 하더라도 미쓰비시의 조건이 가장 유리한 것으로 나타났다.

광양제철소 건설사업의 특징

광양제철소 건설사업은 1985~1992년에 네 차례에 걸쳐 지속적으로 추진되었다(표7 참조). 이를 통해 포항제철은 포항제철소의 940만 톤과 광양제철소의 1,140만 톤을 포함하여 총 2,080만 톤의 생산능력을 구비하게 되었고 1990~1992년에는 신일본제철과 프랑스의 유지노 사실로(Usinor – Sacilor)에 이어 세계 3위의 철강업체로 부상하였다. 특히 일관제철소의 생산원가가 500~600만 톤까지는 현저하게 감소하며 1,000만 톤 내외의 경우에 가장 낮다는 점에 비추어 볼 때 포항제철이 보유한 두 개의 제철소는 규모의 경제효과를 충분히 누릴 수 있었다고 평가할 수 있다. 아울러 포항제철은 두 제철

구 분	1기	2기	3기	4기
생산능력 (누계)	270만 톤	270만 톤 (540만 톤)	270만 톤 (810만 톤)	330만 톤 (1,140만 톤)
착공일	'85.3.5	'86.9.30	'88.11.1	'91.1.5
준공예정일	'87.6.30	'88.10.30	'91.1.31	'92.10.31
준공일	'87.5.7	'88.7.12	'90.12.4	'92.10.2
건설공기	26개월	21개월	25개월	21개월
공기단축	54일	95일	57일	29일

▶ 표7 광양제철소 건설사업의 개요

소의 제품구성을 달리함으로써 상호보완적인 관계를 유지하였다. 즉 포항제철소는 열연, 후판, 선재, 냉연, 스테인레스 등의 다품종 생산체제로, 광양제철소는 열연 및 냉연제품에 집중된 소품종 대량 생산체제로 특성화되었던 것이다.

광양제철소 확장사업에 필요한 기술계획은 자체적으로 수립되었으며 1기 설비와의 호환성을 보장하는 것과 최신예 설비를 조기에 도입하는 것을 원칙으로 삼았다. 여기서 주목할 점은 고로와 전로의 경우 1~4기 사업을 통하여 모두 동일한 사양의 설비가 선택되었다는 사실이다. 설비의 사양이 동일하면 부품을 공동으로 사용할 수 있어서 설비관리비용이 절감되고 정비가 용이해진다. 더 나아가 조업 및 정비에 대한 기록이 호환성을 가지기 때문에 종합실수율, 설비가동률, 설비고장률 등과 같은 지표를 체계적으로 관리할 수 있다.

이처럼 포항제철은 광양제철소 건설사업을 통하여 동일한 사양의 설비를 선택함으로써 높은 수준의 기술학습을 반복적으로 수행할 수 있었고 이에 따라 기술능력의 발전이 더욱 촉진되었다. 이는

4기 사업에서 선택된 고로와 전로의 사양이 1~3기의 경우와 같았지만 연간 생산능력이 270만 톤에서 330만 톤으로 상향조정되었다는 점에서 단적으로 드러난다. 그 동안의 반복학습으로 조업기술이 지속적으로 향상되자 포항제철은 3고로의 생산능력을 30만 톤 증가시키고 4고로의 생산능력을 300만 톤으로 조정함으로써 4기 사업에서는 330만 톤 규모의 제철소를 건설할 수 있었던 것이다.

또한 광양제철소 건설사업에서는 당시에 시험적인 차원에서 개발되었던 새로운 설비들이 제철소 현장에서 본격적으로 건설되고 가동되었다. 제선 부문의 미분탄취입법(pulverized coal injection, 저렴한 일반탄을 고로에 직접 취입하는 방법), 열연 부문의 열간직접압연법(hot direct rolling, 연주와 열연 사이의 중간 공정을 모두 생략하는 방법), 냉연 부문의 연속냉간압연법(tandem cold rolling, 산세처리가 끝난 코일을 연속적으로 압연하는 방법) 등이 그 대표적인 예이다. 특히 광양제철소 건설사업에서 100% 연주설비가 도입되었는데 이에 따라 한국은 1990년을 계기로 세계 최고의 연주비율을 보유하게 되었다. 이처럼 광양제철소 건설사업에서 우수한 설비가 대거 도입됨으로써 광양제철소는 설비신예도에서 세계 최고의 제철소로 성장하게 된다. 이와 관련하여 1995년을 기준으로 한 설비신예도의 상대적 수준은 포항제철, 신일본제철, 일본강관, 뉴코어(Nucor), 티센, 유지노 사실로 등의 순서로 조사된 바 있다.

포항제철이 광양제철소 건설사업에서 첨단설비를 도입할 수 있었던 배경으로는 다음의 두 가지를 들 수 있다.

첫째, 앞서 지적했듯이 1980년대 초반에는 세계적인 불황으로 인하여 대규모 제철소를 건설하는 사업이 거의 없었고 이에 따라 설비선택에서 구매자의 요구가 관철되기 용이한 국면을 형성하고 있었다. 만약 이러한 설비구매 환경이 조성되어 있지 않았더라면 당시에 포항제철의 성장을 견제하기 시작했던 철강 선진국들이 우수한 설비를 공급하는 데 적극적인 자세를 보이기는 어려웠을 것이다.

둘째, 1980년을 전후하여 포항제철은 일본을 제외한 다른 선진국을 능가하는 조업기술을 축적하고 있었기 때문에 최신 설비를 원활하게 가동할 수 있는 가능성이 많았다. 설비구매 환경이 아무리 양호하다 할지라도 설비도입 측의 조업기술이 뒷받침되지 않는다면 설비제작업체로서는 설비공급으로 인한 효과를 충분히 거둘 수 없는데 포항제철은 이미 설비의 운영에 필요한 인력과 경험을 충분히 확보하고 있었던 것이다.

광양제철소를 건설하는 과정에서도 건설공기가 계속해서 단축되어 건설비용이 절감되었다(표7 참조). 특히 2기 공사의 경우에는 1기 공사가 마무리되기 6개월 전에 착수됨으로써 동시에 두 가지 공사를 전개하는 공격적인 건설방식이 시도되기도 했다. 광양제철소의 공기단축 기간은 1~3개월로서 포항제철소 건설사업에 비해 크지 않았지만 300만 톤 내외의 제철소를 건설하는 데 소요되는 기간은 계속해서 단축되었다. 포항 3기 사업에서는 28개월, 포항 4기 사업에서는 25개월이 소요되었던 반면 광양 2기 사업과 4기 사업의 경우에는 21개월 정도로 단축되었던 것이다.

광양제철소의 건설기간은 당시의 다른 개발도상국에 비해 매우 짧은 것이었다. 예를 들어 300만 톤 규모의 중국 보산제철소 1기 사업은 94개월의 건설공기를 거쳐 1985년 9월에 완료되었고, 1988년에 준공되었던 240만 톤 규모의 대만철강공사 3기 사업에서는 47개월의 건설공기가 소요되었던 것이다. 광양제철소 건설사업 전체의 톤당 건설비용은 706달러, 정부지원사업을 포함할 경우에는 752달러로 집계되고 있으며 그것은 당시의 세계 평균에 해당하는 1,500달러의 약 2분의 1에 불과하였다.

광양제철소 건설사업은 과거의 경우와 달리 최고경영자에 대한 의존도가 축소되면서 건설본부의 주관으로 추진되었으며 돌관공사와 같은 극한적인 공기단축방법이 지양되면서 여러 차례에 걸쳐 건

▼ 4반세기에 걸친 포항제철소와 광양제철소의 대역사를 마무리짓는 기념식

설공기가 점진적으로 조정되었다. 광양제철소를 건설하는 과정에서는 국내에서 노사갈등의 사태가 속출하고 대형 건설사업이 잇달아 전개됨에 따라 설비공급과 건설공정이 지연될 가능성이 있었다. 그것은 설비를 조기에 발주하면서 설비공급업체에 대한 감독을 강화하고 포항제철소 건설사업에 참여했던 요원들을 광양에 다시 투입함으로써 어느 정도 완화할 수 있었다. 아울러 기존의 공사를 통해 축적한 데이터를 활용하고 후속 공사에서도 작업요소에 대한 정보를 전산으로 처리함에 따라 자원관리의 효율성을 제고하였다.

▼ 광양 전천후 부두

8

i r o n a n d s t e e l

자율적 공기업을 향하여

포항제철에게는 오랫동안 "공기업"이라는 딱지가 붙어 있었다. 공기업은 정부로부터 지원도 많이 받지만 간섭도 많이 받는다. 그러나 모든 공기업이 동일한 것은 아니다. 공기업은 기본적으로 정부에 의존적인 성장패턴을 가지고 있지만 그것의 구체적인 성격은 기업의 성장 단계, 정부의 개입 강도, 기업 내부의 역학 관계에 따라 달라질 수 있다. 어떤 학자는 정부와 공기업이 형성하는 관계를 적대적 유형, 협동적 유형, 자율적 유형으로 구분한다. 여기서 자율적 유형의 공기업은 민간기업과 유사한 행위양식을 보이게 된다. 포항제철은 어떤 유형의 공기업을 추구했을까?

광양제철소 건설사업이 남긴 것은

광양제철소 건설사업을 배경으로 우리나라의 철강생산량은 1985

년의 1,393만 톤에서 1992년에는 2,889만 톤으로 증가했으며 한국은 1987년에 세계 11위, 1993년에 세계 6위의 철강국으로 부상하였다. 이처럼 한국의 철강산업은 1985~1992년에 연평균 15.3%의 성장률을 기록하면서 급속한 성장을 이루었는데 이러한 성장 속도는 당시의 다른 국가에서는 찾아보기 어려운 것이었다. 세계 전체의 철강생산량은 정체 상태에 있었고 개발도상국의 연평균 성장률은 7.8%에 그쳤던 것이다. 개발도상국의 연평균 성장률을 상회했던 국가로는 한국, 대만, 중국이 있었으며 이에 따라 동아시아 지역은 세계적인 철강 중심지로 부상하기 시작하였다.

또한 1980년대 중반 이후에 우리나라의 철강산업은 질적인 측면에서도 상당한 발전을 이루기 시작하였다. 철강재 소비구조에서는 1985년부터 제조업이 차지하는 비중이 건설업을 능가했으며 1981~1992년에 기계, 전기전자, 자동차산업이 각각 12.0%, 11.5%, 7.7%의 연평균 성장률을 기록하는 등 상대적으로 부가가치가 높은 산업의 비중이 점차 높아졌다. 특수강이 전체 철강재의 수급에서 차지하는 비중은 여전히 낮았지만 1985~1992년에 특수강 생산량이 약 3.6배 증가했던 반면 수입량은 감소세를 보이는 등 특수강 부문의 구조도 개선되기 시작하였다.

포항제철이 국민경제에 미친 영향은 매우 컸다. 포항제철의 연간 매출액은 1985년에 2조 원을, 1991년에 5조 원을 넘어섰다. 1990년의 매출액은 4조 8천억 원으로 우리나라 총매출액의 2.5%를 차지했다. 1985년에 포항제철이 국민경제에 미친 파급효과는 약 17조로 분석되고 있는데 그것은 국민경제 총산출액의 약 8.9%에 해당한다. 1973~1990년의 국제수지 개선효과는 수입대체에 의해 약 166억 달러, 수출에 의해 약 70억 달러, 총 236억 달러로 집계되고 있다.

기업자율성을 강화하기 위한 노력

1980년대 이후의 정부의 포항제철에 대한 지원은 1970년대에 비해 대폭 축소되었다. 그것은 철강공업육성법을 비롯한 특정 산업에 대한 육성법이 1986년에 공업발전법으로 대체되면서 본격화되었다. 포항제철에 대한 법인세 면제, 공공요금 할인, 관세 감면 등의 혜택이 잇달아 폐지되었다. 광양제철소 건설사업을 위해 정부가 지원했던 금액도 포항제철소 건설사업의 절반 정도에 지나지 않았다.

반면 철강재 가격에 대한 정부의 통제는 계속되어 포항제철은 주요 철강국에 비해 15~25% 정도의 저렴한 가격으로 철강재를 국내에 공급하였다. 특히 1986~1988년에는 내수가격이 수출가격보다 10~40달러 내외로 저렴하게 되는 현상이 발생하였다. 이와 관련하여 포항제철의 관계자들은 정부에 의해 결정된 철강재 가격이 세계수준에 비해 극히 낮기 때문에 오히려 포항제철이 국가에 '역(逆) 보조금'을 주고 있다는 주장을 제기하기도 했다.

이처럼 1980년대 중반 이후에 포항제철은 정부의 지원이 크게 축소되는 가운데 다른 민간기업과 거의 동일한 조건에서 기업을 운영해야 했다. 이러한 상황에서 포항제철은 재정자립도의 향상, 경영다각화의 추진, 해외시장의 개척 등을 통하여 경쟁우위를 유지할 수 있는 기반을 구축하는 데 많은 노력을 기울였다.

포항제철의 재무구조는 제철소 건설자금을 충당하는 정도에 따라 변화되긴 했지만 대체로 건전한 상태를 유지하였다. 예를 들어 1984~1992년에 포항제철이 기록했던 자기자본비율의 평균치는 42.5%였으며 1989년 6월을 기준으로 금성사, 삼성전자, 현대자동차

포항제철의 부분적 민영화

포항제철은 국민주 1호 기업으로서 주식 대중화 시대를 선도하기도 했는데 그 경위는 다음과 같다. 정부는 1987년 3월에 과열된 증권시장을 안정시키기 위한 방안의 일환으로 포항제철 주식의 장외매각 방침을 전격적으로 발표하였고 주요 재벌들은 포항제철의 주식 매입에 적극적인 관심을 표방하였다. 그러나 1987년 12월의 대통령 선거에 대비하여 정치자금을 조성한다는 의혹이 제기되는 것을 기회로 삼아 포항제철은 언론을 적극 활용하여 정부의 방침을 철회시키는 작업을 진척시켰다. 결국 포항제철의 주식은 1988년 6월 이후에 전 국민의 관심 속에 국민주와 우리사주의 발행을 통하여 단계적으로 매각되었다. 이에 따라 정부 지분이 71.6%에서 35.0%로 감소됨으로써 정부가 포항제철의 경영에 직접적으로 개입할 수 있는 법적인 근거가 상당히 축소되었다. 여기서 정부가 남겨둔 35%의 지분은 주주총회에서 정관변경을 저지할 수 있는 최소한의 지분인 3분의 1을 약간 넘는 것이었다. 상법 제434조는 "정관변경의 특별결의는 발행 주식 총수의 과반수에 해당하는 주식을 가진 주주의 출석으로 그 의결권의 3분의 2 이상의 다수로써 해야 한다"고 규정하고 있다. 포항제철은 2000년 10월에 완전히 민영화된 후 2002년 3월에 "포스코"로 이름을 바꾸었다.

◀ 국민주 1호로 주식을 상장한 포항제철

의 자기자본비율은 각각 42.2%, 37.4%, 31.2%였던 것이다. 재원조달과 관련해서는 1977년에 세계 유수의 은행으로부터 우리나라 최초로 무보증 차관을 획득하였고 1992년에는 국내 금융시장이 개방되는 것을 계기로 해외 채권을 발행하기 시작하였다. 특히 1991년 12월에는 세계적인 권위를 가진 스탠더드 앤 푸어스(Standard & Poor's)와 무디스(Moody's)로부터 국내 기업 및 세계 철강업체 중에서 최고이자 한국 정부와 동등한 수준의 신용등급을 부여받았다.

포항제철은 1986년부터 경영다각화에도 본격적인 관심을 기울였다. 그것은 국내의 철강재 소비량이 일정 수준에 도달하면 철강산업의 성장이 한계에 봉착하게 되고 철강산업은 생산량과 고용량을 탄력적으로 조정할 수 없어서 경기변동에 대한 대처능력이 취약하다는 인식에서 비롯되었다. 1980년대 중반 이후에는 철강 이외에도 엔지니어링, 정보통신, 화학, 신소재 분야의 계열사들이 잇달아 설립되었다.

이에 따라 포항제철은 1992년을 기준으로 22개의 국내 출자회사

▶ UPI 냉연공장의 모습

를 보유한 거대 기업집단으로 변모하였다. 이러한 업종들은 포항제철의 활동과 무관하게 보일 수 있지만 실제적으로는 제철 플랜트 설계, 생산관리의 전산화, 제철소 부산물의 활용, 철강연구의 범위 확대와 결부되어 있었다.

또한 포항제철은 국내투자에 안주하지 않고 해외시장에도 적극적으로 진출하였다. 1970년대 말과 1980년대 초의 해외투자는 원료탄을 개발·활용하기 위하여 TCC(Tanoma Coal Company), POSA(Pohang Steel Australia), POSCAN(Pohang Steel Canada)과 같은 현지법인을 설립하는 형태를 띠고 있었지만, 1980년대 중반 이후에는 안정적인 수요처를 확보하기 위하여 철강제품의 판매 및 생산과 관련된 거점을 확보하는 것으로 발전하였다. 미국, 일본, 아시아 지역의 판매 거점에 해당하는 POSAM(Pohang Steel America), PIO(POSCO International Osaka), POA(POSCO Asia), 냉연제품의 생산을 담당하는 UPI(USS-POSCO Industries)는 그 대표적인 예이다. 특히

1986년 4월에 설립된 UPI는 포항제철이 공급하는 열연코일을 바탕으로 냉연제품을 생산하는 기업으로서 미국의 최대 철강업체인 유에스 스틸과 50 : 50의 합작 조건으로 운영되고 있다.

이상과 같은 재정자립도의 향상, 경영다각화의 추진, 해외시장의 개척은 기업자율성을 강화할 수 있는 제도적 장치에 해당한다고 볼 수 있다. 재정자립도의 향상은 안정적인 투자전략을 가능하게 한다는 점에서 국가에 대한 기업의 협상력을 강화시키고, 경영다각화는 향후의 지속적인 성장을 도모하는 계기를 제공함으로써 기업자율성의 폭을 넓히며, 해외시장의 개척은 내수 위주의 산업구조에서 발생할 수 있는 국가개입을 차단할 수 있는 통로로 작용하는 것이다.

박태준의 정계 입문

이러한 제도적 차원의 노력에 못지않게 중요한 것은 박태준이 1981년 이후에 정치계의 주요 인물로 활동하면서 전두환 정권 및 노태우 정권과 긴밀한 관계를 유지해 왔다는 점에서 찾을 수 있다. 박정희가 집권하고 있었던 시기에는 박정희와 박태준의 특수한 관계를 바탕으로 포항제철이 상당한 기업자율성을 보장받을 수 있었다. 그러나 박정희가 사망한 이후에는 포항제철과 정부의 관계가 어떤 방향으로 전개될 것인지 불확실했기 때문에 박태준은 정계 입문을 통하여 포항제철을 보호하고자 하였다. 이와 관련하여 박태준은 다음과 같이 회고한 바 있다.

전두환에게 호출되어 정치 입문 제의를 받았다. … 포항제철소를 건설하는 과정에서 박정희 대통령의 막강한 지지를 받았는데도 가택수색을 당하는 등 어려움이 많았는데, 이제 정권이 바뀐 마당에 과연 제철소를 잘 운영하고 제2제철을 지장 없이 건설할 수 있을까 하고 생각했다. … 여럿이 상의한 후 결국 포항제철을 정치에서 보호하기 위하여 (정계 입문을) 마음먹었다. 그래서 … 포항제철이 정부 관계에서 애먹은 게 없었다. 내가 (국회) 재무위원장으로 있으면서 해결해 주었다.

▼ 재강전로 가스 연소 스택

박태준의 정계 입문은 국가 권력과 협조적인 관계를 구축할 수도 있었고 적대적인 관계를 형성할 수도 있었지만 1990년대 초반까지는 대체로 원활한 관계가 유지되었으며 그것은 포항제철이 계속해서 기업자율성을 보장받을 수 있는 기반으로 작용하였다. 한국적 상황에서 기업경영에 대한 정치적 압력을 차단하는 것이 중요하다는 점은 박태준이 핵심 권력과 적대적인 관계를 형성하기 시작했던 1992년 말부터 포항제철의 최고경영진이 잇달아 교체되었다는 사실에서도 확인할 수 있다.

9

산·학·연을 잇는 삼각편대

최근 우리나라에서는 "산학연 협동"이란 말이 유행처럼 번지고 있다. 돌이켜 보면 1970년대에 정부출연연구소가, 1980년대에 기업이, 1990년대에는 대학이 연구기능을 보유하게 되었다.

이제는 각개약진을 넘어 시너지 효과를 발휘하는 것이 필요한 시점이다. 포항제철은 이미 1980년대 중반에 포항공대와 산업과학기술연구소(현재는 포항산업과학연구원)를 설립하여 산학연 협동체제를 구축하였다.

그렇다면 포항제철은 어떤 계기로 산학연 협동체제를 구축했는가? 포항공대와 산업과학기술연구소는 어떤 개념을 바탕으로 설립되었는가? 그리고 산학연 사이의 협동은 어느 정도 이루어지고 있는가?

제3의 창업

포항제철이 1980년대 광양제철소의 건설과 함께 가장 많은 노력을 기울였던 것은 산학연 협동제체를 구축하는 것이었다. 그것은 광양제철소 건설사업이 '제2의 창업'에, 산학연 협동체제의 구축이 '제3의 창업'에 비유되었다는 점에서 단적으로 드러난다. 예를 들어 박태준은 1987년 4월에 포항제철 창립 19주년 기념사에서 다음과 같이 언급한 바 있다.

> 제3의 창업이라는 각오로 공장건설에 못지않게 정열을 바쳐온 포항공과대학과 산업과학기술연구소의 성공적인 출범으로 이제 우리는 확고한 산·학·연 협동체제를 바탕으로 세계 정상을 향한 자립기술의 기반을 다지게 되었습니다.

여기에는 다음과 같은 배경이 복합적으로 작용했다고 볼 수 있다. 1980년대에 접어들면서 세계 철강산업의 성장세가 둔화되고 선진 철강업체들이 구조조정(restructuring)을 모색하면서 철강기술의 고도화를 위한 치열한 경쟁이 전개되고 있었다. 또한 일본을 비롯한 선진 철강업체들은 공식적인 기술이전을 기피하게 되었고 이러한 경향은 더욱 가속화될 것으로 전망되었다. 포항제철 내부적으로는 도입기술의 소화에 의한 기술발전의 여지가 크게 축소되었으며 향후 지속적인 성장을 위하여 경영다각화를 추진할 필요성이 제기되고 있었다. 그 밖에 국내적으로는 임금의 상승과 노동운동의 강화로 인해 저렴한 노동력에 입각한 성장방식이 한계에 봉착하면서 기술혁신 중심의 성장전략을 추구할 수 있는 방법이 본격적으로 모색되고 있었다.

이러한 배경에서 포항제철은 1980년을 전후로 본격적인 연구개발체제를 구축하는 방안을 강구하기 시작하였고 그 결과 1986년에는 포항공과대학(Pohang Institute of Science and Technology, POSTECH)이, 1987년에는 산업과학기술연구소(Research Institute of Industrial Science and Technology, RIST)가 설립되었다. 그것은 이전에 정부출연연구소의 주도로 전개되어 왔던 연구개발활동이 1980년대 중반을 전후하여 민간기업을 중심으로 추진되기 시작했다는 경향을 반영한다고 볼 수 있다. 예를 들어 연구개발투자비에서 민간이 차지하는 비중은 1983년부터 정부의 비중을 넘어서기 시작했으며, 기업부설연구소의 연간 설립건수는 1981~1985년에 40개 내외에 불과했던 것이 1986~1990년에는 100~200개로 증가했던 것이다.

그러나 포항제철의 경우는 다른 기업에 비해 한층 발전된 형태의 연구개발체제가 구축되었다는 점에 주목할 필요가 있다. 우선 포항제철은 국내 민간기업으로서는 최초로 기업과 연구소는 물론 대학을 연결하는 '삼각(三角) 연구개발 협동체제'를 구축하였다. 또한 포항공대와 RIST는 기업이 건설주체가 되기는 했지만 연구중심대학이나 독립법인연구소와 같은 새로운 개념에 입각하고 있었다. 즉 포항공대는 단순한 대학이 아니라 연구중심대학이었으며 RIST는 기업부설연구소를 넘어선 독립법인으로 출범했던 것이다. 아울러 포항제철, 포항공대, RIST는 지리적으로 근접한 곳에 위치해 있어서 실질적인 산학연 협동이 가능한 조건을 가지고 있다.

포항공대가 있기까지

포항제철이 대학설립사업을 추진하는 과정에서 대학의 개념은 4년제 대학, 철강 중심의 공과대학, 종합적인 이공계대학으로 변화하였다. 포항제철은 1982~1983년에 일본의 동경급행전철과 공동으로 출자하여 4년제 대학인 한국아시아대학을 설립하려고 시도했으나 문교부는 시기상조라는 이유를 들어 거부반응을 보였다. 한국아시아대학은 산학연 협동체제를 염두에 둔 것이 아니라 기업의 이익을 사회에 환원한다는 차원에서 구상된 것이었다. 그것은 한국아시아대학이 국제관계학, 법학, 기계공학의 3개 학부를 설치하는 것으로 계획되었다는 점에서 확인할 수 있다.

포항제철은 1984년 이후에 포항공대 설립작업을 추진하면서 산학연 협동체제를 모색하기 시작했는데 이렇게 한 가장 큰 이유는 고급인력을 원활하게 확보하기 위해서였다. 당시에 포항제철은 기술연구소 발전계획을 적극적으로 추진하고 있었지만 고급인력의 유치에는 상당한 어려움이 수반되었다. 자체적인 기술혁신활동을 강화하기 위해서는 우수한 연구인력을 확보하는 것이 필수적이었지만 대부분의 고급인력은 대학을 선호하고 있었던 것이다. 이러한 점에 대하여 박태준은 다음과 같이 언급한 바 있다.

> 기술연구소의 확충이다 뭐다 해서 여러모로 노력해 보았으나 회사가 지방에 있는 등의 어려움 때문에 성공을 거두지 못했고 마지막으로 생각한 것이 해외 고급두뇌의 유치를 통한 연구중심대학의 설립이었던 것입니다.

1984년 12월에 제철학원은 공과계열로 특화된 포항공대를 설립하기 위한 계획을 수립하여 1985년 1월에 문교부에 제출하였고 같은 해 7월에 설립인가를 받았다. 당시에 포항공대의 학사기본계획을 수립했던 주체는 신영길을 비롯한 포항제철 기술연구소의 관계자들이었다. 그들은 포항공대가 철강기술의 개발과 밀접히 연관되어야 한다는 입장을 바탕으로 학사기본계획을 수립하였다. 여기에는 신영길의 개인적 경험도 상당히 반영된 것으로 보인다. 그는 영국 셰필드(Sheffield) 대학에서 박사학위를 받았는데 그 대학은 제철소 현장의 문제를 중심으로 교육과 연구를 실시하는 전통을 가지고 있었던 것이다.

당시 포항공대의 1단계 개설 학과로는 금속, 재료, 기계, 전기전자, 계측제어, 화학공학, 산업공학, 전자계산 등의 8개 부문이 선정되었다. 금속공학과는 철강공정 및 제품개발과 직결되어 있었고 재료공학과는 부산물의 활용, 전기전자공학과는 기기의 운전, 계측제어학과는 조업의 자동화, 화학공학은 환경문제의 해결, 산업공학과는 관리업무의 최적화, 전자계산학과는 제철소의 전산화에 기여할 것으로 판단되었다. 특히 금속공학과 대학원은 연구인력을 양성하는 연구과정과 포항제철의 고급 현장기술자를 양성하는 현장기술과정으로 구분하고 포항제철과 관련이 있는 프로젝트로 석 · 박사 연구과제를 부여하는 방식으로 운영될 계획이었다.

포항공대의 개념은 1985년 8월에 학사계획을 수립하는 핵심 주체가 변경되면서 다시 수정되었다. 김호길이 학장으로 내정되면서 기술연구소 관계자의 발언권은 현저하게 약화되었고 포항공대의 개념은 포항제철을 보조하는 형태에서 종합적인 이공계 대학으로

▲ 포항공대 초대 학장 김호길

변경되었다. 김호길은 포항공대가 독립적인 교육연구기관으로 발전해야 한다는 생각을 가지고 있었으며 포항제철이 향후 철강산업 사양화에 적극적으로 대비해야 한다는 점을 강조하였다. 이에 따라 "철강기술 연관 학문 및 연구의 본산으로 발전시킨다."는 기존의 입장은 "기초과학과 공학 각 분야의 첨단적인 연구에 중점을 둔다."는 것으로 수정되었다.

당시에 포항공대 건설본부장을 맡고 있었던 이대공은 김호길이 박태준과 처음 만났던 자리에서 다음과 같이 말했던 것으로 회고한다.

만약 제가 포항에 온다 하더라도 포항제철을 보고 오는 것은 아닙니다. 철강은 언젠가는 사양화됩니다. 지금은 포항제철 부설 포항공대이지만 나중에는 포항공대 부설 포항제철이 될 것입니다. 그리고 누구든 학장이 되는 사람에게 학사운영에 관한 모든 권한을 일임하셔야 할 것입니다.

1986년 12월에 건설공사의 완료와 함께 개교식을 가진 포항공대는 1987년 3월에 입학식을 거행하였다. 포항공대의 개설학과는 수학, 물리학, 화학, 금속재료공학, 기계공학, 산업공학, 전기전자공학, 전자계산학, 화학공학의 아홉 개 학과였다. 교수의 약 90%가 해외에서 박사학위를 취득한 사람이었고 신입생의 학력고사 점수는 상위 2.4% 이내로 제한되었다. 포항공대는 아홉 개 학과로 구성된 소규모 대학으로 출발했지만 교육과정과 연구시설을 지속적으로 확장하여 짧은 기간 내에 한국을 대표하는 이공계 대학으로 성장하였다. 특히 1991~1994년에는 포항제철과 정부의 전폭적인 지원으로 약 1,500억 원이 투입되어 세계적 수준의 방사광 가속기가 건설되었다. 거대과학(big science) 시대에 부응하여 기초과학과 첨단기술을 연구할 수 있는 기반이 구축된 것이다.

◀ 포항 방사광 가속기 조감도

산업과학기술연구소의 설립

포항제철은 1980년을 전후하여 기존의 연구소와는 별도로 중앙연구소를 건립하기 위한 방안을 모색하였다. 1978년 7월에는 대덕연구단지에 중앙연구소를 설립한다는 구상이 나왔다. 당시는 정부가 대덕연구단지에 민간연구소를 유치하는 작업을 전개하고 있었으며 제2종합제철의 입지로 대덕연구단지와 근접한 아산만이 유력

시되고 있던 시기였다. 그러나 1980년부터 포항제철이 제2종합제철의 입지로 광양만을 염두에 두게 되면서 그러한 구상은 무산되었고 기존의 기술연구소를 통해 연구개발활동을 강화시키기 위한 방안이 강구되었다. 1981~1983년에는 기술연구소의 연구기반을 구축하기 위하여 연구인력과 시설확보에 중점을 둔 1단계 연구소 발전계획이, 1984~1988년에는 기술연구소의 연구 능력과 관리능력을 선진국 연구소 수준으로 향상시키는 것을 목표로 한 2단계 연구소 발전계획이 추진되었다.

1985년부터는 포항공대 설립사업이 본격화되는 것을 계기로 연구소의 발전방향이 전면적으로 재검토되었다. 기술연구소가 포항제철 부설연구소의 기능뿐만 아니라 포항공대의 연구소 기능까지도 함께 갖추어야 한다는 것이었다. 1985년 6월에는 권태협 기술연구소 부소장을 위원장으로 하는 신(新)연구소 추진위원회가 구성되었다. 그리고 그 위원회는 수 차례의 관계자 회의를 통해 연구소를 법인의 형태로 추진하며 포항공대 캠퍼스 내에 건립하여 투자효과를 극대화한다는 방침을 결정하였다. 포항제철 및 포항공대와 연계된 새로운 연구소를 설립하는 작업은 1986년 5월에 '산업과학기술연구소(RIST) 설립계획'이 확정되면서 본격적으로 추진되어 1987년 3월에 RIST가 발족되는 것으로 마무리되었다.

RIST를 설립하는 과정에서는 기업부설연구소, 대학부설연구소, 공익법인연구소, 특정연구기관과 같은 연구소의 형태를 둘러싸고 상당한 논쟁이 벌어졌다.

그중에서 정부의 강력한 지원을 바탕으로 과학기술처 장관의 통제하에 운영되는 특정연구기관은 포항제철의 요구를 반영하기 어렵기 때문에 처음부터 심각하게 고려되지 않았다. 기업부설연구소는 기업 현장과 밀착된 연구개발활동을 추진할 수 있는 장점이 있었지만 연구인력을 포항제철의 직원과 동일한 수준으로 대우해야 했기 때문에 우수한 고급인력을 유치하는 데 한계가 있었다. 이와 관련하여 포항제철에서 RIST로 이직한 사람들에게는 10% 이상의 임금 상승이 보장되었는데 이에 대하여 제철소 현장의 기술인력들이 상당한 불만을 표출하기도 했다.

RIST의 설립이 포항공대와 연계되어 추진됨에 따라 대학부설연구소의 형태도 고려되었지만 그것은 포항공대의 교수진이 연구소 운영에 주도권을 행사하게 되고 포항제철이 별도의 연구개발조직을 추가적으로 운영해야 하는 난점을 가지고 있었다. 공익법인연구소는 우수한 고급인력의 확보, 연구소의 자율적 운영, 철강 및 관련 기술의 균형적인 발전 등과 같은 장점이 있었던 반면 포항제철과의 인력교류의 어려움, 제철소 현장과 밀착된 연구의 부족, 해산 시 잔

▼ 산업과학기술연구소 제막식

여재산의 국가귀속 등과 같은 단점을 가지고 있었다.

결국 포항제철은 운영제도를 통해 문제점을 보완한다는 전제하에 공익법인연구소의 형태를 선택하였다. 이러한 과정에서는 연구개발활동의 자율성을 보장하기 위해서 처음부터 독립법인화가 불가피하다는 의견과 현실적인 조건이 미흡하기 때문에 1~2년의 과도기를 거친 후에 법인화 여부를 결정하자는 의견이 대립하기도 했다.

산학연 협동의 의의와 한계

포항공대와 RIST가 설립되면서 포항제철과 관련된 기술활동에는 많은 변화가 있었다.

우선 제철소에서 발생하는 기술적 문제들이 보다 종합적인 차원에서 접근될 수 있었다. 1980년대 초반만 해도 개별 공장 차원의 기술적 어려움은 현장의 기술인력에 의해 상당 부분 개선되었지만 여러 공정에 걸쳐 있는 기술적 문제는 해결되지 않은 상태에 있었다. 후자의 경우에는 기술적 난이도가 높아 체계적인 연구가 필요했지만 제철소 현장에서는 부서별 이기주의가 팽배해 있어 여러 부서와 연관된 기술혁신을 도모하기 어려웠던 것이다. 이러한 기술적 · 조직적 난점은 RIST의 연구원과 같이 연구개발능력을 갖춘 제3자가 개입함으로써 체계적으로 해결되기 시작하였다.

또한 설비개선, 전산조업, 품질향상, 신제품개발과 같이 과거에 기술능력의 발전이 미진했던 영역이 본격적으로 보강될 수 있었다.

예를 들어 고로개수에 관한 작업은 포항제철과 RIST가 공동으로 전개하였고 조업을 전산으로 제어하는 모델은 RIST와 포항공대를 중심으로 개발되었다. 아울러 1990년을 전후로 포항제철과 RIST는 제품의 품질을 향상시키기 위한 특별팀을 구성했으며 새로운 강종을 개발하는 작업에는 포항제철, RIST, 포항공대가 공동으로 참여하였다.

더 나아가 현재의 기술적 문제를 해결하는 것은 물론 미래의 환경변화에 대비한 기술개발에도 많은 관심이 기울여지기 시작하였다. RIST와 포항공대의 협력을 바탕으로 포항제철의 경영다각화에 필요한 기술개발이 추진되었고 1990년을 전후해서는 RIST를 중심으로 21세기를 주도할 차세대 혁신철강기술의 개발이 도모되었다.

포항공대와 RIST는 다른 대학이나 연구소와 달리 설립 초기부터 산학연 협동체제를 구축하는 것을 중요한 과제로 간주하고 있었다. 예를 들어 포항공대는 건학이념으로 과학과 기술의 심도있는 연구, 국제적 고급인재의 양성, 산학연 협동의 구체적인 실현을 표방하였다. RIST의 창립이념에도 연구의 자율성 확보, 연구의 안정성 확보, 산학연 협동체제의 구축, 연구환경의 조성이 포함되어 있었다. 포항제철, 포항공대, RIST를 잇는 산학연 협동체제에 대한 기본적인 구상은 제철소가 단 · 중기적 차원의 개발과제에 주력하고 대학이 중 · 장기적 안목에서 기초연구를 담당하며 연구소가 제철소 및 대학과의 협동을 바탕으로 목적기초연구 및 응용연구를 수행한다는 데 있었다.

포항제철은 포항공대와 RIST의 설립이 본격적으로 추진되고 있었던 1986년부터 산학연협동의 이념을 실현하기 위한 제도적 장치

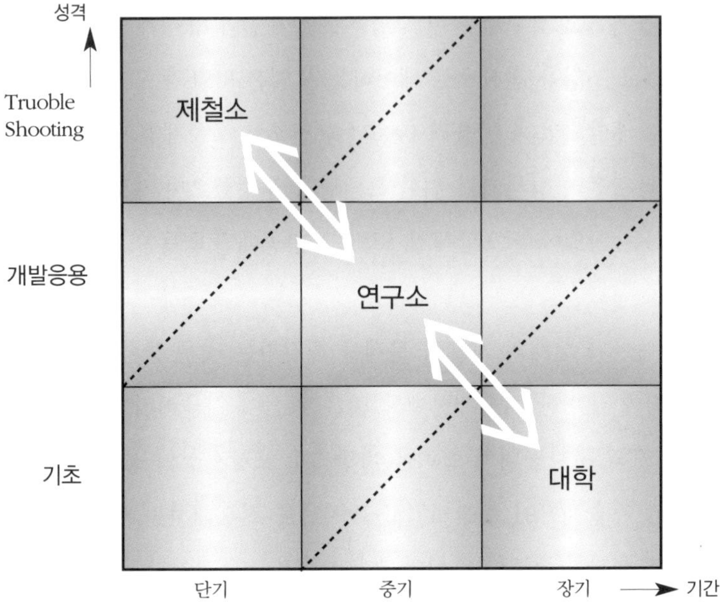

▶ 산학연 협동의 개념도

를 구축하기 시작하였다. 1986년 9월에는 포항제철, RIST, 포항공대의 관계자들이 산학연협동의 기본방향을 논의하면서 세 개 기관의 관계자들이 참여하는 연구개발 확대회의를 매년 2회로 정례화하였다. 1987년 4월에는 RIST와 포항제철, 그리고 RIST와 포항공대 사이에 연구시설을 공동으로 활용하고 연구원을 교환할 수 있도록 하는 업무협정이 체결되었다. 또한 1989년 6월에는 회장 직속의 산학연협력실이 설치되면서 산학연 자문위원회가 운영되었는데 그것은 1992년 12월에 경영정책 담당 부사장을 위원장으로 하는 산학연협력위원회로 개편되었다.

학연협동의 경우에는 RIST의 연구원이 포항공대에서 대학원 과정을 이수하고 포항공대의 졸업생이 RIST에 취업하는 일반적인 관계 이외에도 포항공대의 교수가 RIST의 겸직연구원으로, RIST의 연구원이 포항공대의 겸직교수로 활동할 수 있도록 하였다. 산연협동과 관련해서는 연구과제의 현장 활용도를 제고하기 위하여 RIST의 연구원이 제철소에, 포항제철의 기술자가 RIST에 파견되었다. 특히 RIST의 신입(新入)연구원에게는 입사 후 1년간, 입사 3년 후 6개월간 제철소 현장에서 근무하는 것이 의무화되었다. 또한 1988년부터는 포항제철소, 광양제철소, RIST의 기술개발 담당 실무자들을 중심으로 연구과제를 발굴 · 심의하고 새로운 기술에 대한 정보를 교환하는 기술부회(技術部會) 제도가 시행되고 있다.

이상과 같은 다양한 제도를 통하여 포항제철은 산학연협동을 강화하는 데 많은 노력을 기울였지만 산학연 관련 사회집단의 기본적인 입장 차이로 인하여 실질적인 협동연구를 수행하는 데에는 많은 어려움이 수반되었다. 이와 관련하여 1993년 실시된 설문조사 결과에 따르면, 포항제철과 계열사의 구성원들은 산학연협동에 크게 만족했지만 RIST와 포항공대의 경우는 산학연협동 체제의 운영에 상대적으로 회의적인 입장을 가지고 있었다. 또한 산학연협동의 내용에서는 시설 및 설비의 공동이용, 과정별 역할분담, 우수한 인력의 확보와 같은 외형적 · 제도적 측면에 비해 학제적 공동연구, 인력풀의 활용, 상호신뢰 등과 같은 실질적인 측면이 잘 운영되지 않는 것으로 조사되었다.

『포항공대 10년사』는 산학연협동이 현실적으로 많은 어려움을 겪었던 원인을 다음과 같이 기록하고 있다.

> 이러한 유례가 없는 협력체제를 만드는 데 구성원들의 공동체에 대한 올바른 인식과 적극적인 참여가 부족했다. … 우리나라 특유의

그릇된 신분 관념이 연구원과 교수간의 위화감을 조성했다. … 교수와 같은 객관적 자격을 갖고 있으면서도 불리한 위치에 놓이게 되는 연구원이 한 울타리 안에서 연구를 위한 공동체를 이루기는 어려웠다. … 대학과 연구소 간에 보이지 않는 갈등의 하나로 연구결과에 대한 업적공유문제를 들 수 있다. … 예를 들어 교수가 겸직연구원의 자격으로 포항제철의 연구비를 RIST를 통해 받았을 때 … 그 연구결과가 연구소의 업적인가 대학의 업적인가 하느냐가 그것이다. … 대학이 내포하고 있는 문제점도 없지 않았다. … 논문이 업적평가의 가장 중요한 대상인 교수들에게 학술적 논문으로 이어지지 않는 산업연구가 부담스러울 때가 종종 있었다.

이러한 평가는 우리나라가 산학연 협동에 대해 가지고 있는 문제점을 단적으로 보여준다. 무엇보다도 우리나라가 가지고 있는 특수한 사회적 장벽이 해소되어야 하고 산학연 협동을 촉진하는 방향으로 업적평가 시스템이 마련되어야 한다. 또한 산학연 협동이 실질적인 효과를 발휘하기 위해서는 산, 학, 연이 서로에게 도움을 줄 수 있는 능력을 가지고 있어야 한다. 이러한 점들은 우리 사회가 두고두고 풀어야 할 숙제임에 틀림없다.

10

태스크포스팀을 통한 기술추격

기업이 기술혁신에 대하여 취하는 자세에는 어떤 것이 있는가? 어떤 학자는 기업의 기술전략을 네 가지로 유형화했다. 신기술을 최초로 창출하는 '최초 진입자', 선진적인 기술혁신에 기민하게 반응하는 '빠른 추종자', 널리 채택된 기술을 전반적으로 습득하는 '모방자', 기존의 기술을 특정한 분야에서만 응용하는 '응용지향자'가 그것이다. 이러한 개념은 여러 기업을 비교하기 위해 제안되었지만 특정한 기업의 역사에도 적용될 수 있다. 포항제철의 경우에는 1970년대의 모방자에서 1980년대의 빠른 추종자를 거쳐 1990년대 이후에는 최초 진입자로 변화해 왔다고 볼 수 있다.

선진국을 따라잡자

1980년대를 통해 첨단설비가 대폭적으로 도입되면서 그것을 원활하게 가동하기 위한 기술을 확보하는 것이 중요한 과제로 부상하였다. 그러나 그러한 기술들은 선진국에서 이전을 기피하거나 외국의 선진 제철소에서도 적용되기 시작하는 단계에 있었다. 이로 인하여 과거와 같이 기술을 일괄적으로 제공받기는 매우 어려워졌고 해당 기술을 자체적으로 개발하여 선진기술을 조기에 추격하는 것이 절실히 요구되었다. 이에 따라 1980년대 이후에는 기술을 부분적으로 도입한 후 포항제철에 적합한 형태로 완성하거나 외국으로부터의 공식적인 기술도입 없이 자체적으로 개발하는 사례가 크게 증가하였다.

이러한 과정에서는 당시 세계 최고의 철강기술국이었던 일본을 추격 혹은 추월하는 것이 중요한 기준으로 작용하였다. 공식적인 문헌이나 비공식적인 접촉을 통해 일본이 달성했던 기술적 업적이 알려지면 그것을 극복하기 위하여 수많은 노력이 기울여졌던 것이다. 이와 관련하여 1980년대에 포항제철의 설비기술본부장과 기술담당 부사장 등을 역임했던 백덕현은 다음과 같이 지적하였다.

> 세계 최고의 철강기술을 보유하고 있었던 일본이 옆에 있어서 많은 자극을 받았으며 그것을 극복하는 것이 절대절명의 과제로 간주되었다. 특히 일본이 달성한 기술적 업적이나 생산성에 대한 지표는 결과로만 알려졌기 때문에 우리는 그에 상응하는 기술수준을 달성하기 위해 수많은 노력을 했다. 이러한 방식에 입각한 일본과의 경쟁은 포항제철의 기술노력에 가장 중요한 추동력으로 작용하였다.

따라서 일본은 1980년대부터 기술이전을 기피하기 시작하여 포항제철의 기술수준 향상에 직접적으로 기여하지는 못했지만 기술적 업적에 대한 정보를 통해 포항제철의 기술혁신활동에 많은 자극과 위기를 제공하는 간접적인 역할을 담당했다고 평가할 수 있다.

포항제철의 중장기 기술발전계획

포항제철은 최단 시일 내에 선진 철강업체와의 기술격차를 해소하고 새로운 기술을 적기에 확보하기 위하여 중장기 기술발전계획을 추진하였다. 그 계획은 1982~1985년, 1986~1989년, 1990~1993년의 3단계에 걸쳐 전개되었다. 1단계 계획에서는 400여 건의 제철공정별 요소기술을 도출한 후 선진 제철소와 포항제철의 기술수준을 비교하여 차이가 발생했던 원인을 분석하고 이를 해결하는 작업이 추진되었다. 2단계 계획에서는 첨단설비의 활용에 필요한 조업기술과 제품기술을 개발하는 데 초점이 주어졌으며 14개의 고급강을 전략강종으로 선정하여 중점적으로 관리하였다. 3단계 계획에서는 포항제철의 기술경쟁력을 세계 최고의 수준으로 향상시키기 위하여 당면 30대 기술과제에 대한 달성목표와 추진일정이 도출되었다. 중장기 기술발전 계획이 추진되면서 포항제철에서는 기술개발건수, 지적재산권 출원건수, 매출액 대비 연구개발투자의 비중 등과 같이 기술혁신활동의 수준을 나타내는 각종 지표가 현저하게 향상되기 시작하였다. 지적재산권에서는 1973~1983년에 126건을 출원하여 45건을 등록하는 데 그쳤지만 1984~1992년에는 1,776건을 출원하여 676건을 등록하였다. 또한 포항제철의 매출액 대비 연구개발투자의 비중은 1984년까지 0.5%에도 미치지 못했던 것이 1985년의 0.7%를 거쳐 1986년 이후에는 1.0% 내외를 유지하게 되었다.

정보획득에서 기술개발까지

포항제철은 1980년대에 들어와 기술추격에 필수적인 정보를 획득하기 위하여 각종 문헌과 자료를 조사하고 분석하는 작업을 본격적으로 전개하였다. 그러한 작업은 1981년 10월에 신설된 기술발전부가 기술연구소와 공동으로 추진하였고 1987년에 RIST가 설립되면서 더욱 체계화되었다. 포항제철과 RIST는 기술정보에 대한 수집 및 분석을 바탕으로 제선, 제강, 제어, 에너지, 강재, 특수강, 용접, 표면처리 등 모든 부문에 걸쳐 연구개발활동에 필요한 참고자료를 지속적으로 발간하였다. 그것은 1992년 5월에 RIST가 여덟 권으로 발간했던 『철강기술』로 종합되었다.

문헌조사로 포괄되지 않는 부분은 해외연수와 기술교류를 통해 보완되었다. 1980년대의 해외연수는 포항제철의 기술수준이 향상됨에 따라 직접적인 기술훈련을 받는 것보다는 선진업체의 기술동향 및 경영실태를 파악하는 것이 강조되었다. 해외연수요원들은 귀국 후에 기술동향을 중심으로 한 연수보고서를 작성하여 제출하였고 그것은 선진업체의 기술수준 및 성과를 검토할 수 있는 자료로 활용되었다. 또한 1979년부터 외국 철강업체와의 업무협정을 바탕으로 기술을 교류하는 공식적인 제도가 구축되었다. 1992년의 경우에 포항제철은 8개국 15개사와 기술교류를 실시하고 있었다. 외국업체와의 기술교류는 해당 분야별로 기술자를 교환하고 기술간담회를 개최하는 방식으로 전개되었으며 새로운 기술정보를 획득하는 통로로 활용되었다.

1980년대에 선진 철강업체들은 포항제철을 견제하기 시작하면서 기술정보를 제공하는 데 인색한 모습을 보였다. 이에 따라 실질적인 기술정보를 획득하는 과정에서는 '도용(盜用)'이라고 칭할 수 있는 방법이 동원되는 경우가 많았다. 예를 들어 포항제철의 해외연수요원들은 연수기관이 적극적으로 협조하지 않는 상황에서 기밀사료를 몰래 복사하거나 설비에 대한 사진을 찍기도 했다. 또한 개인적인 관계를 이용하여 자료를 수집하거나 설비를 관찰하여 기술정보를 획득하는 방법도 널리 활용되었다.

이와 관련하여 1983년부터 설비계획2부장으로서 포항 2냉연공장과 광양 3냉연공장에 대한 기술기획을 담당했던 심장섭은 1982년에 개인적인 친분을 통해 히로하다(廣畑)제철소의 냉연공장을 견학했던 것이 최신예 공장을 설계하는 데 많은 도움이 되었다고 지적하였다. 또한 1981년부터 기술연구소와 RIST에서 근무했던 신영길은 비공식적인 방법으로 연주조업에 관한 데이터와 연주설비에 대한 사양을 확보할 수 있었으며 그것이 포항제철의 연주기술을 향상시키는 기준으로 작용하였다고 평가하였다. 이와 같은 설비관찰이나 자료수집이 효과적으로 활용될 수 있었던 것은 포항제철이 이미 상당한 지식기반을 확보하고 있었기 때문이라고 풀이할 수 있다.

이러한 방법을 통해 획득한 기술정보를 바탕으로 기술을 개발하는 과정에서는 많은 시행착오가 수반되었다. 처음의 계획대로 기술개발이 성공하는 사례는 많지 않았으며 실패한 원인을 분석하고 다시 시도하는 과정을 반복함으로써 원하는 결과가 도출될 수 있었다. 아울러 몇몇 기술과제에서는 요소기술의 개발이 지연되면서 병목현상이 유발되기도 했는데 그러한 경우에는 추가적으로 정보를 획득하여 다시 개념을 정립하는 작업이 병행되었다. 이러한 시행착오는 포항제철의 기술진으로 하여금 해당 기술의 특성을 이해하고 기술개발에 대한 노하우를 획득할 수 있는 기회를 제공했으며 이에 따라 문제점이 발생하는 비율이 점차적으로 감소하고 그것의 원인이 체계적으로 규명될 수 있었다.

포항제철은 기술개발을 효과적으로 추진하기 위하여 핵심적인 기술과제를 대상으로 태스크포스팀(task force team, TFT)을 구성하여 집중적으로 관리하는 방법을 활용하였다. 태스크포스팀은 기술개발기간과 시장진입기간을 단축시키기 위해 연구개발, 시제품개발, 양산기술개발을 순차적이 아닌 병렬적으로 추진하였다. 또한 태스크포스팀은 포항제철은 물론 RIST, 포항공대, 수요업체를 포괄하는 경우가 많았기 때문에 보다 종합적인 차원에서 문제점을 해결할 수 있었으며 이를 통해 기술혁신 관련 집단이 공동연구개발을 추진할 수 있는 분위기가 조성되었다. 포항제철은 태스크포스팀을 운영하면서 해당 목표를 단기간에 달성한 조직에게 파격적인 상금을 부여하고 이를 적극적으로 홍보하는 전략을 구사함으로써 조직간 경쟁을 유발하고 기술개발속도를 가속화시켰다. 이에 따라 해당 구성원들의 노동강도는 매우 높아졌지만 그것은 포항제철이 짧은 기간에 선진기술을 추격하는 데 크게 기여하였다.

1980년대 포항제철이 전개했던 기술혁신활동의 구체적인 유형으로는 다음의 세 가지를 들 수 있다. 첫 번째는 외국에서 기술을 도입하여 더욱 발전시킨 경우로 미분탄취입기술과 슬래브 품질향상기술이 여기에 해당한다. 두 번째는 선진국이 기술이전을 회피하여 자체적으로 기술을 개발한 경우로 초심가공용 강판(extra deep drawing steel)과 가속냉각법(thermo mechanical control process, TMCP)

이 여기에 해당한다. 세 번째 유형은 포항제철에 적합한 기술이 국내 기술진에 의해 개발된 경우로 고로 조업의 전산화가 그 대표적인 예이다.

그중에서 가속냉각법과 고로조업 전산화의 사례를 살펴보면 다음과 같다. 선진 철강국들은 1980년대 초반에 가속냉각법을 개발하여 선박용 고장력강을 비롯한 가속냉각강재를 생산하기 시작했지만 자국의 산업을 보호하기 위하여 가속냉각법에 대한 기술이전을 기피하는 것은 물론 국내 조선업계에 관련 제품을 공급하는 것도 중단하였다. 이에 포항제철과 기술연구소는 1986년부터 특별팀을 발족시키고 국내 조선업체와 강종개발위원회를 구성하면서 품질동향에 대한 정밀조사와 시험설비에 의한 사전연구를 실시하였다. 이를 토대로 1988년 11월에는 가속냉각설비를 설치한 후 최적의 제조기준을 정립하여 가속냉각강재를 자체적으로 개발하는 데 성공하였고 1989년 5월에는 50㎏/㎟급 가속냉각강재를 대상으로 9개국 선급협회로부터 제조법을 승인받았다. 이어 1990~1991년에는 가속냉각기술을 적용하여 송유관용, 저온 압력용기용, 건축구조용 고장력강을 잇달아 개발하여 적용대상 강종을 확대하면서 냉각시 온도편차에 의해 강판이 변형되는 것을 방지하는 기술을 확보하였다.

▼ 가속냉각강재로 만들어진 대형 선박

▶ 국내 기술진이 개발한 고로 조업 진단 전문가 시스템

고로조업의 전산화는 1978년부터 실시되었지만 초기의 용도는 주로 데이터 수집이나 조업지수 계산과 같이 조업에 대한 정보를 효율적으로 확보하는 데 국한되어 있었다. 1983~1984년에 포항 3고로에서 노황부조 현상이 세 차례에 걸쳐 발생하는 것을 계기로 기존의 수식 모델로는 노내 상황을 정확하게 판단하는 데 한계가 있다는 점이 노출되었다. 이에 포항제철은 1984~1986년에 고로의 내부상황을 측정할 수 있는 각종 센서의 정보를 분석하여 이를 종합적으로 판단하고 조업자에게 비(非)정상상태를 제시할 수 있는 노황판단 모델을 개발하였다. 그러나 고로의 사용년수가 증가하면서 노 내부의 변동상태를 예측하여 조업하는 것이 점차 어려워졌으며 조업자의 경험을 체계화하여 숙련 정도에 따른 차이를 해소할 필요성이 제기되었다. 이러한 문제점을 개선하기 위하여 포항제철, RIST, 포항공대는 인간의 경험적 지식을 구현할 수 있는 인공지능 시스템의 개발에 착수하여 1989~1991년에 노내부 풍압변동 예측

시스템, 노황이상 진단 전문가 시스템, 노열제어 전문가 시스템 등을 잇달아 개발하였다.

이처럼 1980년대의 기술혁신활동은 다양한 형태를 띠고 있었지만 전체적으로 보면 기술혁신의 범위가 거의 모든 영역을 포괄하는 것으로 발전했다고 평가할 수 있다. 그것은 포항제철이 1981년과 1993년에 발간한 공식 자료에 기술개선의 사례로 제시하고 있는 내용을 비교해 보면 명확해진다. 즉 1981년의 자료는 몇몇 기술개선의 사례를 산발적으로 거론하고 있는 반면 1993년의 자료는 해당 기술을 포괄적이고 체계적으로 논의하고 있는 것이다(표8 참조).

▼ 표8 1970년대와 1980년대의 주요 기술혁신 사례

구 분	제 선	제 강	열 연
1970년대	· 계측 및 제어기술 · 조업지수 관리 · 수면연장 대책 · 중유 취입량 감소	· 고탄소강 취련패턴 확립 · 출강 후 슬래그 유입 방지 · 대형 슬로핑 발생 억제 · 잔괴율(殘塊率)의 안정	· 가열로 고압배관 설치 · 조압연 실린더 Retainer 탈락방지 · 냉각수 라인 개조
1980년대	· 보조연료 취입기술 · 장입물 분포 제어기술 · 고로조업 전산화 · 고로 노벽 보수기술 · 고로 개수기술	· 용선 예비 처리기술 · 전로 조업기술 · 노외 정련기술 · 분체 취입기술 · 용강 승온기술	· 가열로 연소 제어기술 · 치수 정도 향상기술 · 형상 제어기술 · 온라인 롤 연삭기술 · 재질 예측기술

1980년대 기술혁신의 성과와 한계

이러한 기술혁신활동을 바탕으로 포항제철의 기술수준은 더욱 제고되었다. 제철소 설비의 정상조업도 달성기간은 더욱 단축되어

포항제철에서 배우는 철강기술

포항제철의 경쟁력이 점차 강화되면서 1980년대에는 국내외 철강업체에게 기술연수 혹은 기술지도를 실시하는 사례가 크게 증가하였다. 1982~1989년에는 인도네시아의 크라카타우제철(PT Krakatau Steel, PTKS)을 대상으로 네 차례에 걸쳐 생산관리 전산화에 대한 수탁훈련 및 파견지도를 담당하였고 1987~1988년에는 파키스탄제철(Pakistan Steel)에게 생산관리, 품질관리, 설비관리 등에 관한 수탁훈련을 실시했으며 1987~1989년에는 미국 UPI의 냉연부문에 대하여 세 차례에 걸쳐 수탁훈련 및 파견지도를 수행하였다. 국내의 경우에는 1989~1990년에 동국제강의 후판 부문에 대하여 공장조업, 설비정비, 품질관리, 전산화 등에 대한 수탁훈련을 실시하였다. 이와 관련하여 1988년 5월 13일에 <조선일보>는 "포철 철강기술 배우자: 세계 각국에서 연수 요청"이란 제목의 기사로 1987년부터 UPI의 기술자 129명을 대상으로 연수교육을 실시했다는 사실을 소개한 후 스페인, 쿠웨이트, 멕시코, 인도 등에서 기술훈련을 잇달아 요청하고 있어서 "포항제철이 세계의 철강기술 연수원으로 탈바꿈하고 있다."고 보도한 바 있다.

세계 최고의 수준을 보유하게 되었다. 예를 들어 고로의 경우에는 포항 4고로가 29일만에 정상조업도를 달성하여 세계 신기록을 수립한 이후에 광양 1~4고로의 경우에는 그 기간이 23일, 18일, 18일, 7일로 단축됨으로써 세계 신기록이 계속해서 갱신되었다. 또한 포항제철은 1980년대에 들어와 100~110%의 공장가동률을 보였다. 설비의 설계용량을 초과하여 제품을 생산했던 것이다. 이러한 초과가동 현상은 국내 철강수요가 계속 증가했다는 사실만으로는 설명될 수 없는 것으로서 포항제철이 보유한 조업기술의 수준을 단적으로 보여주는 증거라고 할 수 있다.

포항제철이 보유한 조업기술의 전반적인 수준은 생산성과 관련된 주요 지표를 통해 살펴볼 수 있다. 종합실수율은 1970년대에 80% 정도에 머물렀던 것이 1987년 이후에는 90%를 넘어섰으며 1992년에는 94.4%를 기록하여 일본의 94.8%와 거의 유사한 수준까지 향상되었다. 또한 1992년을 기준으로 1인당 제품 생산량은 880톤으로서 일본의 1,102톤에 이어 세계 2위를 차지했으며 에너지원단위는 529만kcal로서 일본의 589만kcal보다 효율적인 성과를 보였다. 이러한 점을 종합적으로 고려해 볼 때 포항제철은 1990년대 초반에 일본과 대등한 세계 최고 수준의 생산성을 보유했다고 평가할 수 있다.

포항제철은 조업기술의 발전을 바탕으로 1980년대 중반 이후에 종합적인 가격경쟁력에서 세계 1위의 철강업체로 부상하였다(표9 참조). 물론 여기에는 낮은 인건비가 크게 기여하고 있지만 그 효과는 설비투자에 대한 비용을 조기에 회수하기 위한 감가상각비의 비중이 크다는 점 때문에 상당한 부분이 상쇄되고 있다. 또한 1991년의 냉연강판 제조원가 중에서 원료 및 에너지와 관련된 비용만을 고려할 때에도 포항제철의 제조원가가 가장 저렴하다는 것을 알 수 있다. 따라서 포항제철 가격경쟁력의 원천은 많은 고정비용에도 불구하고 생산성 향상을 적극적으로 추진해 왔다는 점에서 찾을 수 있을 것이다.

(단위 : 달러/톤)

구 분	1985년					1991년				
	미국	서독	일본	브라질	한국	미국	서독	일본	브라질	한국
인 건 비	129	70	63	26	25	152	179	145	82	67
원 료 비	135	106	96	92	103	142	162	141	150	153
에너지 및 기타	139	148	127	156	142	174	190	189	186	156
감 가 상 각	24	24	29	27	77	26	44	70	80	110
이 자	12	15	27	80	14	15	11	20	50	15
세 전 원 가	439	363	342	381	361	509	586	565	548	501

▶ 표9 주요국의 냉연강판 제조원가

1980년대에는 제품의 품질을 향상시키고 새로운 제품을 개발하는 데에도 많은 노력이 기울여졌다. 제품의 품질은 지속적으로 향상되어 1990년대 초반에 열연과 후판은 일본과 비슷한 수준을, 냉연은 일본과 서독에 이어 세계 3위의 수준을 확보하였다. 또한 1981년에는 포항제철의 신강종 개발 수가 일본의 절반에도 미치지 못했지만 1992년에는 일본의 90%를 넘어서는 강종을 보유하게 되었다. 1992년을 기준으로 포항제철은 561종의 강종을 개발하여 일본의 600종에 근접하고 있었던 것이다. 또한 최신 설비가 대폭적으로 도입되고 고급강 제조기술이 확립됨으로써 고급강의 경우에도 국내 수요가 어느 정도 보장되어 있는 제품은 모두 생산할 수 있었다. 이에 따라 포항제철의 고급강 생산비율은 1980년에는 5%에도 미치지 못했지만 1990년에는 20%를 넘어서기 시작하였다.

그러나 포항제철의 제품기술에 대한 수준은 1990년대 초반에도 일본에 비해 여전히 뒤떨어져 있었다. 열연제품의 경우에는 세계 최고의 기술수준을 확보하고 있었지만 냉연제품의 기술수준은 일본에 미치지 못했던 것이다. 예를 들어 1992년을 기준으로 포항제철은 인장강도 80kg/㎟급의 자동차용 고장력강판과 보증년수 7년의 표면처리강판을 생산하고 있었으나 일본의 경우에는 해당 지표가 각각 120kg/㎟와 10년이었다. 또한 포항제철의 고급강 생산비율은 1992년을 기준으로 26.2%로서 35.0%를 기록하고 있던 일본의 4분의 3 정도에 머물러 있었다. 따라서 포항제철이 1990년대 초반에 달성했던 제품 톤당 영업이익은 신일본제철이나 가와사키제철과 같은 일본의 주요 철강업체보다 30% 정도가 낮았다. 그것은 포항제철의 제품구조가 고급강보다는 중급강을 중심으로 구성되어 있다는 사실을 반영하는 단적인 증거라 할 수 있다.

◀ 고로에서 쏟아져 나오는 쇳물

4부 새로운 환경에의 대응과 기술창출

11
i r o n a n d s t e e l

포스코의 변신

세월이 지나면 나이가 드는 법이다. 1992년에 광양제철소 건설사업이 마무리되면서 포항제철도 어느덧 성년의 위치에 서게 되었고 우리나라의 철강산업도 성숙기에 진입했다. 양적 성장을 넘어 질적 발전이 요구됨에 따라 포항제철은 어떤 식으로든 변해야 했다. 다행인지 불행인지 포항제철의 변신은 기본적으로 외부의 압력에 의해 이루어졌다. 1990년대에 포항제철은 어떻게 변화되어 왔는가? 그러한 변화가 포항제철에게 남긴 흔적과 의미는 무엇인가?

과도기의 포항제철

1990년대에 들어와 세계 철강산업은 무한경쟁시대에 돌입하였다. 철강재 사용량이 한계를 보이기 시작하였고 개발도상국이 선진국의 본격적인 경쟁상대로 부상했으며 기존의 철강제조공정을 현격히 변화시킬 수 있는 차세대 혁신철강기술이 등장하였다. 이에 선진국의 철강업체들은 잉여설비의 삭감, 효율적 설비로 생산의 집중, 대폭적인 인원 합리화, 기술개발의 강화 등을 통하여 기업경쟁력을 제고하는 데 주력하였다. 특히 일본 철강업체들은 기술경쟁력의 우위를 지속적으로 유지하면서 포항제철의 가격경쟁력을 추월하는 것을 목표로 설정하여 강도 높은 구조조정을 전개하였다. 동시에 중국과 대만을 비롯한 후발개도국들은 저렴한 인건비와 대규모 설비확충을 바탕으로 포항제철의 잠재적 경쟁자로 부상하였다. 국내적으로는 1인당 철강소비량이 포화 상태에 이르고 소위 정보화사회의 도래가 예상되면서 철강산업의 성장세가 둔화될 것으로 전망되었다.

이러한 상황에서 포항제철은 새로운 경쟁환경에 대비하기 위한 중장기적 차원의 경영전략을 수립하기 시작하였다. "다가올 21세기에 능동적으로 대처하기 위해서는 현재 잘 되고 있는 사항뿐만 아니라 앞으로 발생할 문제까지도 포함한 전반적인 상황에 대하여 보다 높은 차원의 대응책을 강구한다."는 것이었다. 이러한 방침을 바탕으로 1991년 6월에 확정된 '포스코 2000'은 경영좌표를 세계 최고의 철강경쟁력 확보, 경영다각화를 통한 복합경영체제의 구축, 범세계적 일류기업의 실현으로 설정하면서 2001년에 포항제철과 계열사가 200억 달러의 총매출액을 달성한다는 것을 목표로 삼고 있었다. 포스코 2000은 이후에 최고경영진의 빈번한 교체로 인하여 즉각적인 효력을 발휘하지는 못했지만 포항제철이 새로운 변화의 필요성을 조기에 인식하고 이를 추진하기 시작했다는 점을 보여준다.

포항제철은 1992년 10월부터 1994년 3월까지 최고경영진의 잇단 교체로 상징되는 과도기적 상황을 맞이하였다. 그것은 박태준의 사직서 제출로 시작되었다.

박태준은 사의 표명의 이유로 '4반세기 제철대역사의 완성'이라는 소임을 다했다는 점을 들었지만 보다 실제적인 이유는 당시에 정계에서 은퇴하려 했던 박태준이 포항제철의 회장직을 유지하기는 곤란했다는 점에서 찾을 수 있다. 이에 대하여 포항제철은 사의 철회 건의문과 함께 주요 간부들이 사직원을 제출하였고 임직원은 물론 가족들까지 대대적인 농성을 전개하였다. 포항제철의 관계자들은 당시의 시점에서 박태준이 사퇴할 경우 정치권에 의해 기업자율성이 침해당하는 것을 우려하고 있었다. 예상 이외의 강력한 반대에 직면하여 박태준이 회장직에서 사퇴하는 대신 명예회장직을 수락함으로써 사의 파동은 일단락되었다. 포항제철은 1992년 10월에 이사회를 개최하여 박태준 회장을 명예회장, 황경로 부회장을 2대 회장, 정명식 사장을 2대 부회장, 박득표 부사장을 5대 사장으로 선임하였다.

포항제철의 경영진은 김영삼 후보가 14대 대통령에 당선되는 것을 계기로 정치권의 압력에 의해 5개월 만에 다시 교체되었다. 포항제철은 1993년 2월부터 국세청의 세무조사를 받았는데 이는 표면적으로는 정례조사를 내세웠지만 실제적으로는 정치자금 유출에 대한 조사에 초점이 맞춰졌다. 동시에 김영삼 정권은 박태준이 퇴진한 이후에 포항제철을 경영할 수 있는 사람을 물색한 끝에 정명식 부회장과 조말수 부사장을 선택했하였다. 당시에 조말수는 '포항제철 개혁론'을 청와대에 건의하여 정치권의 신임을 받은 바 있었다. 포항제철은 1993년 3월의 주주총회에서 정명식과 조말수를 3대 회장과 6대 사장으로 선임했으며 회장이 해외업무를, 사장이 국내업무를 전담하는 이중시스템(double system)을 도입하였다. 정명식 – 조말수 체제가 정립되면서 낙하산 인사를 배제하는 전통은 유지되었지만 장업 후 25년 동안 경영일선을 담당해 왔던 창업세대가 본격적으로 퇴진하기 시작하였다.

새로운 최고경영진은 김영삼 정권으로부터 기존의 경영체제에서 벗어날 것을 요구받았기 때문에 포항제철의 가시적인 변화에 많은 노력을 기울였다. 대대적인 인사개편과 조직개편이 단행되어 창업세대의 퇴진과 대폭적인 내부승진이 도모되었고 조직을 간소화하거나 유사기능을 통폐합하는 등의 조치가 이루어졌다.

또한 창립 25주년을 맞이하여 1993년 4월에는 부조리 추방, 권위주의 타파, 경영구조 혁신을 3대 과업으로 하는 '신(新)포스코 창조운동'이 주창되었으며 그 동안 기업문화의 상징으로 간주되었던 황색 작업복이 청색 근무복으로 대체되었다. 박태준 이후의 경영체제가 점차적으로 구축되는 가운데 포항제철은 1993년을 계기로 생산규모에서 세계 2위의 철강업체로 부상하였고 1994년 2월에는 민간재벌과의 치열한 경쟁을 거쳐 제2이동통신의 주도사업자로 선정되었다. 이러한 노력과 성과에도 불구하고 정명식 – 조말수 체제는 1년 정도밖에 유지되지 못했다. 그것의 직접적인 원인은 처음에 구상되었던 이중시스템과는 달리 사실상 조말수 사장의 독주체제가 구축되면서 최고경영진 사이의 갈등이 증폭되었다는 점에서 찾을 수 있다.

1990년대 중반의 경영혁신

포항제철은 1994년 3월에 김만제 전(前) 부총리를 4대 회장으로, 김종진 부사장을 7대 사장으로 선임함으로써 창립 후 처음으로 외부 인사에 의한 최고경영진을 구성하였다. 김만제 회장의 취임을 계기로 포항제철은 경영 전반에 걸쳐 본격적인 체제변환기를 맞이하였다. 김만제는 1994년 4월의 창립 26주년 기념사에서 조직의 유연성, 민주성, 투명성에 입각한 '녹색경영철학'을 제창하였다. 황색이 포항제철의 전통적인 기업문화를 표현하고 청색이 개혁과 변화를 상징한다면 녹색은 전통과 혁신의 조화 속에서 나타나는 생명력을 의미한다는 것이었다. 이러한 기본철학은 사업관, 경영관, 인간관의 영역으로 구체화되었는데 사업관으로는 복합기업, 세계기업, 국민기업으로의 성장이 강조되었고 경영관으로는 유연한 조직, 민주적 관리, 투명한 제도가 제시되었으며 인간관에는 비즈니스 의식, 능력 개발, 보람과 긍지가 포함되었다. 시장경제원리와 미국식 합리주의를 중시했던 김만제의 스타일이 엿보이는 대목이다.

포항제철은 1994년 7월에 '포스코 비전 2005'를 수립하였다. 그것의 목표는 철강 부문의 경쟁력을 강화함과 동시에 E&C(engineering and construction), 에너지, 정보통신을 포함한 미래성장산업으로 다각화하여 총매출액 57조 원을 달성하고 세계 20개국에 50여 개의 생산 · 판매 거점을 갖춘 초일류 글로벌 기업을 실현하는 데 있었다. 이와 관련된 핵심 전략으로는 세계화된 초일류 철강사업군 형성, 핵심역량에 입각한 다각화로 안정성장의 기반구축, 끊임없는 경영혁신에 의한 새로운 가치창조의 세 가지가 선정되었다. 세부적인 발전목표는 철강, E&C, 에너지, 정보통신 등 구성된 사업구조 부문과 경영관리체제, 인력개발, 직원복지, 기업문화를 포함한 경영혁신 부문으로 나누어 제시되었다. 특히 철강사업의 경우에는 국내 생산능력을 2000년까지 2,800만 톤으로 증가시키고 해외 생산능력을 2000년과 2005년에 각각 200만 톤과 500만 톤으로 향상시킨다는 목표하에 설비투자, 해외투자, 기술개발, 조업지원, 마케팅, 재무 부문의 과제가 제시되었다.

김만제 회장이 부임한 후 포항제철은 출자회사를 조정 혹은 정리하고 신규 사업으로의 진출을 도모하는 등 대대적인 사업구조조정을 추진하였다. 철강사업의 경우에는 판매, 정비, 생산 등의 분야에서 단순 출자회사의 정리, 유사계열사의 통폐합, 신규회사의 설립을 통하여 핵심 출자회사를 중심으로 한 사업구조가 형성되었다. 이러한 사업구조조정으로 포항제철의 국내 출자회사는 1993년의 46개에서 1999년에는 15개로 축소되었다.

1990년대 중반 이후에는 해외투자의 확대를 바탕으로 생산 및 판매 거점을 세계화하기 위한 노력도 가속화되었다. 특히 중국과 베트남이 시장경제로 전환되면서 세계 철강수요의 중심지로 부상하고 있던 아시아 시장이 집중적으로 개척되었다. 중국에서는 화북, 화동, 화남 지역에 3대 거점이 확보되었고 동남아에서는 베트남, 태국, 미얀마 등에 대한 투자가 추진되었다. 이에 따라 1999년을 기준으로 포항제철의 해외 출자회사는 19개로 증가했으며 지역별로는 중국에 여섯 개, 베트남에 세 개, 미국 및 홍콩에 두 개, 태국, 미얀마, 호주, 브라질, 베네수엘

▼ 경영다각화에 대한 개념도

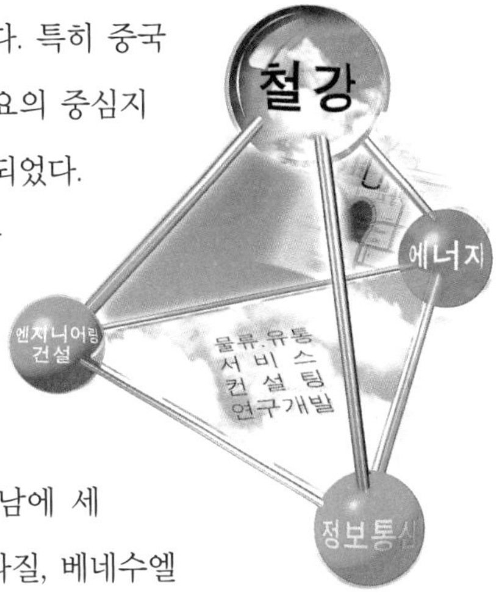

포항제철 연구개발체제의 변화

포항제철의 연구개발체제도 1990년대 중반 이후의 대대적인 경영혁신을 배경으로 상당한 변화를 경험하였다. 1994년 6월에는 RIST의 경영경제 부문이 포스코경영연구소(POSCO Research Institute, POSRI)로 독립되었고 1994년 7월에는 기업부설연구소의 형태로 포스코기술연구소(POSCO Technical Research Laboratories, POSLAB)가 설립되었다. 이를 통해 RIST의 철강 부문 중에서 제철소 현장과 밀착된 단기성 과제에 대한 연구개발기능은 POSLAB으로 이관되었다.

1996년 8월에는 2차 구조조정이 단행되었다. 철강 부문 중에서 단위공정 및 제품에 관한 연구개발기능은 RIST에서 POSLAB으로 이관되었고, POSLAB의 환경, 에너지, 노재 부문과 계열사에서 수행되어 왔던 엔지니어링, 정비, 노재 부문에 대한 연구개발기능은 RIST로 집중되었다. 아울러 RIST의 명칭도 산업과학기술연구소에서 포항산업과학연구원으로 바뀌었다.

2003년 7월에는 연구개발체제를 핵심역량 중심으로 개편하는 작업이 추가적으로 이루어졌다. POSLAB에 연구역량을 결집하여 철강 분야의 연구개발을 체계적으로 추진하는 한편 RIST의 기능은 장기적 발전에 필요한 연구개발로 특성화한다는 것이다. 여기에는 철강 부문에 대한 '친정체제'를 강화하여 기술환경의 변화에 신속하게 대응하겠다는 의도가 깔려 있는 것으로 보인다.

라, 남아프리카공화국에 한 개씩이 분포하고 있었다.

조직 및 인사 부문에서는 1995년 1월에 경영위원회의 신설, 본부장 책임경영제도 및 팀제도의 도입, 인사제도의 개선을 중심으로 하는 대대적인 혁신이 단행되었다. 회장과 사장 중심의 최고의사결정구조는 9명의 임원으로 구성된 경영위원회의 집단심의체제로 변경되었고, 예산 및 인사에 대한 권한이 본부장으로 대폭 이양되어 결재단계가 기존의 6단계 내외에서 3단계 내외로 단축되었다. 그리고 각 본부가 팀을 자체적으로 편성할 수 있는 팀제가 도입되면서 연공서열 중심에서 능력과 자질을 중시하는 직능자격체제가 구축되기 시작하였다. 또한 1995년 2월부터 명예퇴직제가 실시되면서 포항제철의 인원 수가 감소되기 시작했으며 1997년 3월에는 국내 대기업으로서는 처음으로 사외이사제(社外理事制)를 도입하였다.

설비투자와 관련해서는 1994년 8월에 중장기 설비투자 마스터플랜이 수립되었다. 양적인 측면에서 완만하게 증가할 것으로 예상되는 철강수요에 대응함과 동시에 질적인 측면에서 생산제품의 고급화를 도모하고 차세대 혁신철강기술을 상용화하기 위한 것이었다. 그 계획에 입각하여 1994년 이후에는 설비의 신설과 보완을 위한 대규모 투자가 실시되었는데 광양 5고로를 비롯한 대부분의 설비는 국내의 자체기술로 제작되었다. 그러나 설비확장의 과정에서는 1997년 이후의 경제 위기로 인해 철강재 수요가 크게 위축되면서 1998년 5월에 2미니밀의 건설이 중단되고 1999년 3월에 광양 5고로의 가동이 보류되는 사태가 발생하기도 했다. 광양 5고로는 2000년 4월에 다시 가동되었다.

김만제의 재임 기간에 이루어진 포항제철의 변화는 다음과 같은 두 가지 특징을 가지고 있다.

첫째, 포항제철의 경영혁신은 새로운 정부의 출범과 외부 인사의

위기에 직면한 한국의 철강산업

우리나라의 철강업계는 1990년대에 들어와 경쟁적으로 설비확장을 추진하였다. 이에 따라 우리나라 철강산업의 생산능력은 1993년의 3,423만 톤에서 1998년에는 4,509만 톤으로 증가하였다. 특히 전기로 부문의 생산능력은 1991년에 836만 톤에 불과했던 것이 1998년에는 2,309만 톤으로 급속히 확대되었고 1996~1998년에는 전로 부문의 생산능력을 능가하기도 했다. 이에 따라 한국의 철강재 생산량은 1993년의 3,377만 톤에서 1997년에는 4,473만 톤으로 증가했지만 1995년 이후에는 철강재에 대한 내수가 둔화되면서 과잉설비의 문제가 본격적으로 거론되기 시작하였다. 그것은 1995~1997년에 전기로 부문의 가동률이 80% 내외에 지나지 않았다는 점에서 단적으로 드러난다. 급기야 1998년에는 극심한 경제불황을 맞이하여 내수가 34.4% 감소되었다. 한국 철강업계는 수출량을 56.3% 증가시키는 자구책을 강구했지만 한국전쟁이 발발했던 1950년 이후에 처음으로 철강재 생산량이 감소하였고 한국철강협회 회원사 30개 중에서 12개가 경영부실상태에 놓이게 되었다.

영입이 본격적인 계기로 작용했지만 한국 경제와 포항제철의 여건을 고려할 때 적절한 시기에 이루어졌다고 볼 수 있다. 경영혁신이 실제적인 효과를 거두기 위해서는 어느 정도의 여유자원이 확보되어 있어야 하는데 그동안 급속히 성장해 왔던 포항제철은 1990년대 중반에 자금, 인력, 정보 등의 측면에서 경영혁신을 추진할 수 있는 양호한 조건을 가지고 있었다. 또한 한국의 경제사회 시스템이

1997년 이후에 대대적인 구조조정의 국면에 진입했다는 점에 비추어 볼 때 포항제철은 이보다 3년 정도 앞서 경영혁신을 단행함으로써 다른 기업에 비해 이해관계자들 사이의 갈등을 비롯한 사회적 비용을 적게 부담할 수 있었다.

둘째, 포항제철은 1990년대 중반을 전후하여 질적 성장 중심의 성장전략을 표방했지만 실제적으로는 양적 성장과 질적 성장이 혼재된 전략이 구사되었다. 그것은 김만제 시대를 통하여 철강 부문에서 제품의 고부가가치화가 본격적으로 추진되면서도 국내 2,800만 톤, 해외 500만 톤을 목표로 대규모의 시설투자가 이루어졌다는 점에서 확인할 수 있다. 특히 1996년부터는 한보철강, 삼미특수강, 기아특수강의 부실을 배경으로 철강산업의 과잉투자에 대한 우려가 본격적으로 제기되었음에도 불구하고 포항제철은 계속해서 신규 설비투자를 추진하는 등 기본적으로는 확대경영의 틀 속에서 벗어나지 못했다.

새로운 성장전략의 추구

포항제철은 1998년 3월에 유상부 삼성 JAPAN 사장과 이구택 부사장을 5대 회장과 8대 사장으로 선임하는 것을 계기로 질적 성장전략을 현실화하기 시작하였다. 유상부는 "우리나라의 철강산업은 더 이상 시설을 확장해야 하는 성장산업이 아니며" "시장에서 판매할 수 있는 만큼만 철강재를 생산해야 한다."는 점을 강조하였다. 유상부 회장이 부임한 이후에 포항제철의 성장전략은 '최대 생산,

최대 판매'에서 '적정량 생산, 최대 이익 추구'로 변경되었다. 그것은 광양 2미니밀을 비롯한 국내투자와 인도네시아에 대한 해외투자 등 설비확장과 관련된 15개의 프로젝트를 중단시키고 포항제철 역사상 처음으로 감산(減産)을 단행하는 조치로 이어졌다. 이러한 감량경영을 계기로 1998년에 포항제철의 생산량과 판매량은 축소되었으나 자산운용의 효율화와 제품구성의 고도화를 바탕으로 매출액과 순이익은 각각 10조 원과 1조 원을 넘어서게 되었다.

당시의 상황에 대하여 유상부는 다음과 같이 회고한다.

> 제가 포철 회장에 취임하여 놀란 것은 상식적으로는 생각할 수 없을 정도의 대규모 투자가 계속되고 있었다는 점입니다. 포철은 회사 발족부터 1992년 가을의 광양제철소 종합 준공까지 30여 년 동안 총 15조 원을 투자했습니다. 그런데 제가 포철을 퇴직한 이후 몇 년간 국내외 총 11조 원에 달하는 투자가 실시되고 있었습니다. 원화가 하락하면 환차손만으로도 막대한 손실을 입게 되기 때문에 빨리 손을 써야 한다고 생각하여 계약이 끝난 안건까지 합쳐 총 15개의 프로젝트를 중단시켰습니다. 빨리 손을 쓰는 것이 상처부위를 줄일 수 있는 방법이라고 생각했습니다.

포항제철의 새로운 성장전략은 2000~2004년을 대상으로 하는 중기 경영전략이 1999년 10월에 수립됨으로써 보다 구체화되었다. 핵심적인 경영방침으로는 기본과 원칙에 충실한 내실경영, 글로벌 스탠더드(global standard)에 입각한 투명경영, 프로세스 혁신(process innovation, PI)을 통한 스피드 경영, 이해관계자와 함께 성장하는 윈윈(win-win) 경영이 제시되었다. 이를 실현하기 위한 주요 과제로는 세계 최고의 기술경쟁력 확보, 고객 중심의 판매 · 생산체제 확립, 회계 · 재무 기준의 투명화, 철저한 책임경영의 추구, 전사적 자원관리 시스템(enterprise resource planning, ERP)의 구축, 판매 · 생산 · 출하의 통합적 관리, 소유 · 지배구조의 선진화, 경영성과의 합리적 배분 등이 도출되었다.

▲ 포스코센터의 또다른 명물 '누드 엘리베이터'

포항제철이 최근까지 많은 관심을 기울이고 있는 사업은 담당 임원의 책임하에 고객충족, 재무관리, 연구개발, 구매 및 설비관리, 경영지원관리 등과 같은 영역에서 추진되고 있는 프로세스 혁신이라고 할 수 있다. 프로세스 혁신은 기업경영의 모든 부문을 원점에서 다시 시작하여 최적의 시스템을 구축하기 위한 것으로서 2001년 7월에 '포스피아(POSPIA)'라는 고객 중심의 디지털 가치경영 시스템이 구축되는 것으로 일단락되었다.

소유 · 지배구조와 관련해서는 1988년에 부분적인 민영화를 경험한 후 1993년부터 완전 민영화가 거론되었지만 그것은 유상부 회장이 부임한 1998년 이후에야 비로소 현실화되기 시작하였다. 정부는 1993년 12월에 공기업 민영화 계획을 수립한 후 1994~ 1996년에 민영화의 가능성을 타진하기 위한 특별경영진단을 실시했으나 구체

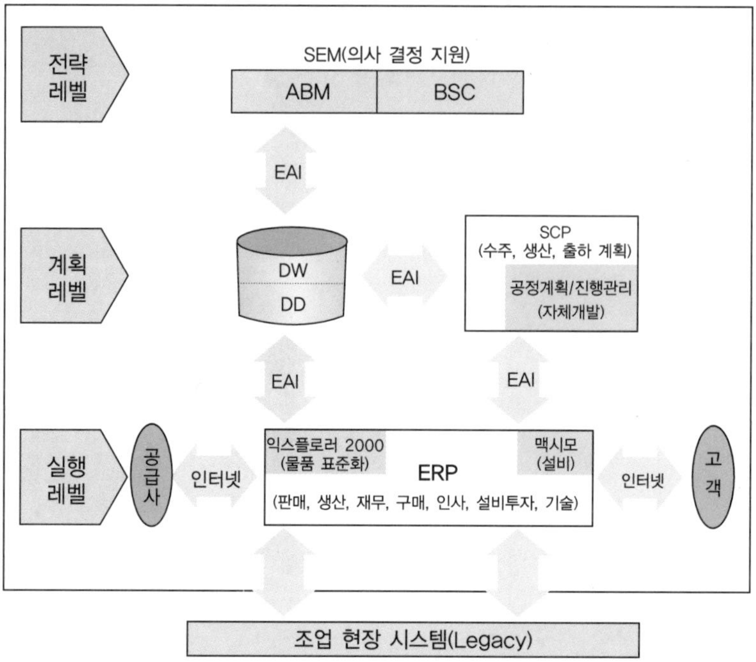

▶ 포스피아(POSPIA) 개념도

적인 후속 조치는 계속해서 답보 상태에 머물렀고 포항제철의 지분 중에서 정부가 차지하는 비중도 1997년까지 35% 내외를 유지하였다. 이러한 상황은 1998년 7월에 정부가 포항제철을 완전히 민영화한다는 계획을 발표하면서 급변하기 시작하였다. 1998년 12월에 재정경제부의 지분이 완전히 매각되었고 1999년 7월에는 산업은행 지분의 일부가 매각되어 정부의 지분은 12.84%로 축소되었다. 그 후 산업은행의 잔여 지분은 1999년 12월, 2000년 6월, 2000년 9월의 세 차례에 걸쳐 점진적으로 매각되어 0.11%로 축소되었다. 이로써 1968년 4월에 공기업으로 출발했던 포항제철은 2000년 10월에 민영화를 완료하였다.

포항제철은 2003년 3월에 이구택 사장과 강창오 부사장을 6대 회장과 9대 사장으로 선임하였다. 이를 계기로 포항제철은 내부 승진의 전통과 철강전문경영인 체제를 더욱 확고히 다지면서 자연스럽게 세대교체도 이루어냈다. 새로운 경영진은 프로세스 혁신을 지속적으로 추진하고 세계 최고 수준의 철강기술을 확보하여 글로벌 리더십을 공고히 다지겠다고 다짐했다. 그리고 2003년 6월에는 윤리규범을 선포하면서 국제적 수준의 윤리경영을 실현하는 기업이 되겠다는 포부를 밝혔다.

포항제철의 변신은 어디까지 계속될 것인가?

◀ "소리 없이 세상을 움직입니다." 포스코 광고의 한 장면

12

i r o n a n d s t e e l

세계 첨단 기술에 대한 도전

따라가기는 쉽지만 나서기는 어렵다. 이 말은 기술활동에도 적용될 수 있다. 외부에 좋은 기술이 있으면 그것을 목표로 삼아 따라가면 된다. 여기서는 얼마나 빨리, 그리고 충실하게 따라가느냐가 관건이 된다. 그러나 외부에도 마땅한 기술이 없다면 스스로 도전해야 한다. 이제는 목표 자체가 불확실하고 유동적이다. 포항제철은 1990년대부터 세계 첨단기술에 도전하기 시작했다. 그렇다면 포항제철의 기술활동은 어떻게 변화했으며 어떤 성과를 보였는가?

기술선택이 중요하다

1990년을 전후로 세계 철강산업은 '기술혁명'이라 부를 수 있을 정도의 급격한 기술변화의 국면에 접어들었다. 이전에 분리되어 있었던 생산공정을 생략하거나 직결화할 수 있는 차세대 혁신철강기술이 출현하기 시작했던 것이다. 차세대 혁신철강기술은 신(新)제선기술과 신(新)주조기술로 구분되는데 전자에는 직접환원법(direct reduction)과 용융환원법(smelting reduction)이, 후자에는 박슬래브주조법(thin slab casting)과 박판주조법(strip casting)이 포함된다. 직접환원법은 고철의 공급 부족이 심화됨에 따라 고철 대체재를 생산하기 위한 기술이고, 용융환원법은 용융 상태의 철광석을 환원하여 직접 선철이나 용선을 제조하는 방법이다. 그리고 박슬래브주조법은 연주공정과 열연공정의 일부를, 박판주조법은 연주공정과 열연공정의 전체를 통합한 것이다(표10 참조).

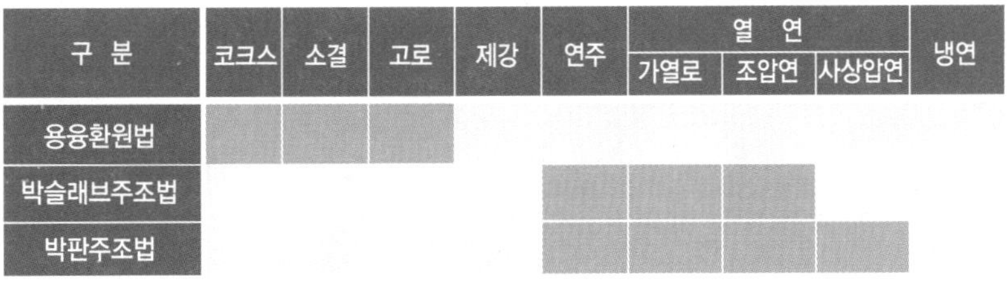

※ 음영부분은 생략되거나 통합될 수 있는 공정임.

표10 차세대 혁신철강기술과 공정 단축

포항제철이 차세대 혁신철강기술에 대한 연구개발을 추진하는 과정에서는 과거에 비해 현격히 증가된 투자가 동반되었다. 예를 들어 스트립캐스팅 프로젝트에서는 1989~2000년에 817억 원이 소요되었으며 용융환원 프로젝트의 경우에는 1990~2000년에 600억 원이 투자되었다. 1980년대의 대형 기술개발사업에서는 십억 대의 금액이 소요되었던 반면 1990년대에 추진되었던 차세대 혁신철강기술에 대한 프로젝트에는 무려 백억 대의 금액이 투자되었던 것이다. 이에 따라 막대한 연구개발자금을 조달하는 것이 중요한 과제로 부상하였다. 용융환원 프로젝트는 정부로부터 222억 원을 지원받을 수 있었으나 포항제철이 단독으로 전개했던 스트립캐스팅 프로젝트의 경우에는 많은 논란을 거친 후에야 최고경영진의 승인을 받을 수 있었다. 스트립캐스팅 프로젝트의 출범과 관련하여 포항제철 제강부가 발간한 『제강 25년』은 다음과 같이 기록하고 있다.

> 1989년 10월 어느 날, 포항제철 본사 사장 비서실에는 바짝 긴장한 표정의 두 박사가 사장을 만나기 위해 대기하고 있었다. 이들은 신영길 부장과 강태욱 박사. 이들에게는 '꿈의 주조법'으로 불리는 '스트립캐스팅' 기술개발과제가 사느냐 죽느냐를 결정하는 매우 중요한 날이었다. … 사장에게 결재를 올리기까지 이들은 지난 1년간 사내의 논란 속에서 관련 부서간의 협의와 상무, 전무 등 결재라인을 올라가는 동안 무려 50여 차례의 브리핑과 조정의 과정을 겪었다. 최종결정권자인 정명식 사장에게 브리핑을 하게 된 이들은 기술개발사업계획을 확신에 찬 어조로 설명해 나갔다. … 신 부장의 설명을 들은 정 사장의 표정에서 '결재를 할 것인가, 말 것인가'를 주저하고 있음이 역력하였다. 펜을 들었다가 다시 내려놓았다가 하길 무려 여섯 번. 한 시간이 훨씬 넘어서 일곱 번째로 펜을 든 정 사장은 특유의 낮은 목소리로 "목숨 걸고 하라."는 말과 함께 1단계 2년간 기술개발 사업비 90억 원을 승인하였다.

포항제철은 차세대 혁신철강기술의 개발을 위하여 프로젝트팀 형태의 조직을 구성하면서 우수한 연구인력을 충원하였다. 프로젝트팀은 1980년대에 구성되었던 태스크포스팀이 더욱 발전된 형태라 볼 수 있다. 태스크포스팀이 비교적 짧은 기간에 운영되었던 반면 프로젝트팀은 10년 이상의 장기적 안목으로 구성되었다. RIST는 1987년부터 용융환원법과 신주조기술에 대한 기초연구를 실시해 왔으며 1990년 3월과 1991년 2월에 각각 스트립캐스팅 프로젝트팀과 용융환원의 프로젝트팀을 발족시켰다. 스트립캐스팅 프로젝트와 용융환원 프로젝트의 팀장은 상당 기간 동안 신영길과 이일옥이 맡았다. 프로젝트팀의 연구원은 연구 경험이 풍부하거나 우수한 자질을 갖춘 박사급 인력을 중심으로 구성되었다.

차세대 혁신철강기술을 개발하는 작업은 기술정보를 수집하는 것에서부터 시작되었다. 차세대 혁신철강기술의 경우는 상업화에 성공한 선례가 거의 없었기 때문에 연구개발의 추진방향을 정립하는 데 많은 어려움이 수반되었다. 당시에 용융환원법이나 박슬래브주조법은 몇몇 공법을 대상으로 상업화가 시도되는 단계에 있었으며 1989년의 시점에서도 확실한 성과가 도출되지 않고 있었던 것이다.

용융환원법의 경우에는 1985년에 오스트리아의 푀스트(Vöest)가 코렉스(COREX: coal ore reduction)법을 개발한 후 1987년 11월에 남아프리카공화국 이스코르(Iscor)의 프레토리아(Pretoria)제철소에서 연산 30만 톤 규모의 공장이 완공되었고 두 차례의 조업중단을 거쳐 1989년 11월부터 정상적인 조업이 실시되었다. 박슬래브주조법의 경우에는 1986년 12월에 독일의 슐레만 지마그(Schloemann Siemag)가 CSP(compact strip production) 법을 개발한 후 1989년 7월에 미국 뉴코어(Nucor)의 크로포즈빌(Crawfordsville)제철소에서 연

산 60만 톤 규모의 공장이 완공되어 조업기술을 확보하기 위한 노력이 전개되고 있었다

RIST의 연구진은 차세대 혁신철강기술에 대한 연구개발활동을 전개하고 있던 선진국 업체의 관계자들과 개별적으로 접촉하여 기술개발의 현황과 문제점에 대한 정보를 수집하였다. 당시에 선진국에서 입수할 수 있는 정보는 부분적이었을 뿐만 아니라 충분한 신빙성을 가지고 있지 않았기 때문에 실험실 수준의 테스트를 통해 그것을 수정하고 보완하는 작업이 지속적으로 전개되었다. 과거의 기술활동과는 달리 외국의 기술업적도 분명하지 않았으므로 기술개발의 구체적인 목표를 설정하는 데에도 별도의 작업이 필요했던 것이다. 이와 관련하여 신영길은 "먼저 이류 업체를 대상으로 초보적인 정보를 얻어내어 그것을 숙지한 후에 다시 일류 업체에 접근하는 방식이 사용되었다."고 회고했으며, 이일옥은 "외국에서 입수한 여러 가지 자료를 비교해 보니 10% 내외의 오차가 있어서 이를 보완하기 위해 수많은 예비실험을 전개했다."고 지적하였다.

더구나 차세대 혁신철강기술은 공정설계, 설비제작, 공장조업의 세 단계에 필요한 요소기술을 모두 국내에서 정립해야 했으므로 한 부분에서 오류가 있는 것으로 판명될 경우에는 연구개발의 방향 자체가 수정되어야 했다. 과거의 기술활동이 대체로 각 단계에 따라 순차적으로 전개되었던 반면 차세대 혁신철강기술의 개발을 추진하는 방식은 각 단계를 반복하면서 점차적으로 발전해 가는 나선형 구조를 가지고 있었던 것이다.

특히 차세대 혁신철강기술의 경우에는 '철강기술의 르네상스 시대'라고 부를 수 있을 정도로 과거와는 달리 매우 다양한 공법이 출

현하고 있었다. 포항제철은 그러한 공법 중에서 기술적 · 경제적 타당성이 높은 것으로 판단된 코렉스 법과 ISP(in-line strip production) 법을 선택하였다. 용융환원법의 경우에는 이스코르가 코렉스 법에 입각한 30만 톤 규모의 공장을 가동하고 있었지만 포항제철은 규모의 경제 효과를 누릴 수 있는 60만 톤으로 확대하기로 하였다. 박슬래브주조법에서는 뉴코어가 CSP 법을 적용한 60만 톤 규모의 공장을 가동하고 있었고 1994년에 180만 톤으로 확장할 계획을 가지고 있었는데, 포항제철은 CSP 법보다 생산공정이 단축되어 설치비용이 저렴한 ISP 법을 선택하여 180만 톤 규모의 공장을 건설하기로 하였다.

차세대 혁신철강기술의 상용화

1990년을 전후해서는 시험설비(pilot plant)를 제작하여 상용화에 필요한 기술을 확보하기 위한 활동이 추진되기 시작하였다. 시험설비의 설계와 제작은 외국 기술진과 국내 기술진이 공동으로 수행했으며 설비설계는 외국 기술진이, 설비제작은 국내 기술진이 주도하였다. 용융환원에서는 푀스트가, 스트립캐스팅에서는 영국의 데이비 디스팅톤(Davy Distington)이 공동연구개발의 형태로 참여하였다. 당시에 데이비가 선택된 이유는 만네스만 데마그(Mannesman Demag)를 비롯한 세계 유수의 설비제작업체들이 포항제철과의 협력을 거부했기 때문이었다. 용융환원 시험설비는 푀스트가 이미 관련 경험을 축적하고 있어서 상대적으로 쉽게 제작될 수 있었지만 스트립캐스팅 시험설비의 경우에는 데이비의 능력 부족과 잦은 설계변경으로 상당한 어려움이 수반되었다.

시험설비가 제작된 후에는 수십 차례의 시험조업을 통해 생산규모 확대, 품질향상, 설비개선 등이 추진되면서 실제 공장에 적용할 수 있는 설비사양과 조업조건을 도출하는 작업이 전개되었다. 이러한 과정을 거쳐 공장건설사업이 착수되기 전에 상업적 활용가능성이 높은 기술체계가 정립될 수 있었다. 용융환원법에서는 일일 생산량이 10톤 규모에서 시작하여 150톤 규모로 향상되었고 박슬래브주조법에서는 슬래브의 두께가 1.4㎜에서 1.0㎜로 축소되는 가운데 폭은 100㎜, 200㎜, 350㎜, 1,300㎜로 증가하였다.

이상의 준비작업을 바탕으로 포항제철은 1992년 10월에 코렉스 추진반과 스트립캐스팅 추진반을 발족시켜 실제 공장을 건설하는 사업을 추진하였다. 코렉스 법을 적용한 연산 60만 톤 규모의 신(新)제선공장은 포항제철소에서 1993년 11월에 착공되어 1995년 11월에 완공되었다. 신제선공장이 가동된 후에는 철광석 투입장치가 작동을 멈추고 용융로 출구가 급격히 부식되는 문제점이 발생하였다. 그것은 이후근을 비롯한 현장 기술진이 노내 온도와 같은 작업환경을 개선하고 내화 벽돌의 침식속도를 제어하는 기술을 개발함으로써 해결되었다. 이에 따라 신제선공장은 준공 후 약 1년이 지난 1996년 12월에 정상조업의 단계에 진입할 수 있었다. 포항제철의 코렉스 운용기술은 설비공급선이던 푀스트로부터 인정을 받으며 1998년 1~2월에는 남아프리카공화국과 인도에 수출되기도 했다.

연산 180만 톤 규모의 1미니밀 건설사업은 광양제철소에서 1994

◀ 코렉스 운용기술을 개발하는 장면

년 12월부터 1996년 10월까지 전개되었다. 포항제철이 선택한 ISP 법은 CSP 법에 비해 기술적으로 안정되지 않은 것이었기 때문에 용강누출과 품질불량 등의 문제가 빈번히 발생하였다. 1미니밀은 약 3년 동안의 시행착오를 거쳐 1999년 7월에 완전 가동에 진입하였고 같은 해 10월에는 이전에 비해 두께가 5분의 1 정도로 얇은 슬래브를 생산할 수 있었다. 포항제철의 박슬래브 제조기술은 설비공급선인 만네스만 데마그로부터 인정을 받음으로써 1999년 10월에 네덜란드의 후고벤스(Hoogovens)에 판매하는 성과를 거두었다.

이처럼 포항제철은 용융환원법과 박슬래브주조법에 대한 조업기술을 확보하여 그것을 해외에 수출하는 단계에 도달함으로써 새로운 철강기술 패러다임에서도 세계 최고의 철강업체로 성장할 수 있는 기반을 구축하였다. 그것은 선진국과의 기술협력의 성격이 변모하는 과정으로 풀이할 수 있다. 즉 과거에는 포항제철이 선진국으

▶ 스트립캐스터를 통해 나오는 고온 상태의 박판

로부터 직접적 혹은 간접적으로 기술을 제공받았지만 최근에는 '보완적 자산(complementary assets)'을 가지고 선진업체와 기술협력을 추진하기 시작하였다. 푀스트 혹은 만네스만 데마그가 보유한 설비 제작기술과 포항제철이 확보한 조업기술이 결합되어 용융환원법과 박슬래브주조법에 대한 기술이 집합적 형태로 다른 외국 업체에 수출되고 있는 것이다. 특히 처음에 박슬래브주조법에 대한 기술협력을 거부했던 만네스만 데마그가 포항제철과 기술협력을 추진하게 된 것은 두 기업 사이에 보완적 관계가 형성되었다는 점을 말해준다.

차세대 혁신철강기술을 상용화하는 과정에서는 관련 기술을 더욱 발전시키는 작업도 추진되었는데 용융환원법은 그 대표적인 예이다. 코렉스 법은 용기 내부에 반응가스가 잘 통과할 수 있도록 입경이 8~35㎜인 펠릿(pellet)을 원료로 사용해야 한다는 단점을 가지고 있다. 이러한 점을 보완하기 위하여 입경 8㎜ 이하의 분광석을 원료로 사용할 수 있는 새로운 공법이 모색되었고 그것은 파이넥스(FINEX: fine iron ore reduction) 법으로 명명되었다. 포항제철은 1999년 8월에 일산 150톤 규모의 시험가동에 성공한 후 푀스트와 함께 연산 60만 톤 규모의 파이넥스 설비를 개발하기 위한 작업을 추진하였다. 그것은 2003년 5월에 파이넥스 데모 플랜트를 완공하는 것으로 이어졌다.

구분	고로법			용융환원법	
	70만 톤	100만 톤	300만 톤	COREX	FINEX
원료	괴광석, 점결탄			펠릿, 일반탄	분광석, 일반탄
사전처리	필요(소결공정 및 코크스공정)			불필요(펠릿 제외)	불필요
환경투자	환경오염방지 투자 필요			환경친화적	
톤당 투자비	109	100	66	86	72
쇳물 원가	103	100	82	104	84

※ 비교 기준은 고로법 100만 톤을 100으로 본 것임

◀ 표11 고로법과 용융환원법의 특성 비교

그 밖에 포항제철은 광양제철소에 5고로와 2미니밀을 건설하여 새로운 제철공정인 '일관제철소 내의 미니밀(mini mill within an integrated mill, MMIM)'을 구축하려고 시도하였다. 고로에서 만들어진 용선을 원료로 사용하여 미니밀에서 최종제품인 열연강판을 생산함으로써 수급변동에 탄력적으로 대응하기 어려운 전로법과 우수한 품질을 확보하기 어려운 미니밀의 단점을 동시에 해결한다는 것이었다. 이러한 구상은 2미니밀 건설사업이 1998년 5월에 중단됨으로써 실현되기 어려운 상황을 맞이했지만, 그것은 포항제철이 다양한 기술적 가능성을 선택적으로 통합함으로써 독자적인 기술체

계를 구축하기 위한 시도라고 해석할 수 있다.

1990년대 기술혁신의 성과

1990년대에는 차세대 혁신철강기술을 개발하는 것과 함께 철강 제조공정별로 조업기술을 향상시키는 것에도 많은 노력이 기울여졌다. 1990년대에 개발된 조업기술의 대표적인 사례로는 미분탄 다량취입기술, 전로 수명 향상기술, 동적 품질설계시스템 등을 들 수 있다. 포항제철은 1990년대에 수많은 신기록을 갱신하면서 세계 최고의 생산성과 가격경쟁력을 지속적으로 유지하였다. 1998년을 기준으로 포항제철은 종합실수율, 제품 톤당 노동시간, 에너지원단위에서 각각 94.7%, 2.7시간, 522만kcal을 기록함으로써 일본의 89.1%, 4.1시간, 578만kcal보다 우수한 실적을 보여주었다. 이러한 조업기술의 혁신을 바탕으로 포항제철은 1990년대를 통하여 계속해서 세계 최고의 가격경쟁력을 유지하였다.

1990년대에는 생산제품에 대한 신뢰도를 제고하고 제품구성을 고도화하는 활동도 보다 강화되었다. 1994년 9월에 품질향상 3개년 계획이 수립되고 1995년 1월에 품질관리부가 품질기술부로 변경되는 것을 계기로 품질향상과 기술혁신이 체계적으로 연계되기 시작하였다. 1996년부터는 지능형 품질시스템(intelligent quality system)이 개발됨으로써 수요업체의 요구를 품질설계에 반영하고 품질불량을 사전에 예방할 수 있는 체계가 구축되었다. 포항제철은 1990년에 일본공업규격의 표시허가를 취득하는 것을 시작으로 1993년

브랜드 파워 높이는 포항제철의 고유기술

포항제철은 2002년 9월에 100여 건의 기술을 면밀히 검토하여 다음의 여섯 가지를 대표 고유기술로 선정하였다. 첫 번째는 저가의 연료와 원료를 사용하고서도 출선율을 높이는 기술이다. 두 번째는 앞서 언급한 파이넥스 법이다. 세 번째는 전로 수명을 향상시키고 정련 시간을 단축하여 전로 3기를 동시에 가동하는 기술이다. 네 번째는 포항제철소와 광양제철소의 생산 · 품질 · 공정계획을 통합하여 조업을 관리하는 기술이다. 다섯 번째는 최적의 스케줄 시스템을 바탕으로 슬래브를 가열로에 바로 장입하여 압연하는 기술이다. 여섯 번째는 제품 두께와 형상을 자동으로 제어하여 열연 및 냉연 제품의 품질을 향상시키는 기술이다. 이러한 기술들은 세계에서 가장 앞서 있거나 다른 철강업체와 확연히 구분되는 것으로서 포항제철의 브랜드 파워를 높이는 데 크게 기여하고 있다.

에는 국제표준화규격인 ISO 9002를 인증받았고 1997년에는 미국의 주요 자동차업체에 적용되는 품질규격인 QS 9000을 획득하였다.

고급강종을 개발하기 위한 노력도 가속화되었다. 1990년대 포항제철이 개발한 대표적인 고급강종으로는 소부경화강(燒附硬化鋼), 이종(異種) 전기도금강판, 복합기능 수지강판을 들 수 있다. 이것들은 독창적인 개념을 바탕으로 개발된 것으로서 세계 최고의 수준을 자랑하고 있으며 해외시장에서도 좋은 반응을 얻고 있다. 연간 신강종 개발 수도 1990년대 전반까지 20종 내외였던 것이 1990년대 후반에는 30종 내외로 향상되었다. 이에 따라 포항제철은 2000년을 기준으로 754종의 신강종을 개발하고 39.7%의 고급강 생산비율을 보유한 철강업체로 성장하였다. 제품구성의 측면에서는 열연제품의 비중이 감소하면서 냉연 제품과 스테인레스의 비중이 점차 향상되는 경향을 보이고 있다.

이러한 제품혁신을 바탕으로 1990년대 말에는 제품기술의 수준을 나타내는 지표에서 포항제철과 일본의 격차가 더욱 좁혀졌다. 열연강판의 두께 적중률, 조선용 강판의 인장강도, 표면처리강판의 보증년수는 모두 일본과 동일한 수준을 확보하였다. 반면 고장력 냉연강판의 인장강도와 고급강 생산비율은 아직 일본과의 격차가 완전히 극복되지 않았다. 포항제철의 전체적인 제품경쟁력은 일본과 동등하거나 다소 열위에 해당하는 수준으로 평가되고 있다.

기술혁신활동의 다변화

1990년대 중반부터는 수요창출이나 환경보호와 같은 새로운 영역에 대해서도 본격적인 관심이 기울여졌다. 포항제철은 1993년에 시장개발부를 신설하면서 건축용 강재의 개발, 사회간접자본의 강재화, 다른 소재가 점유한 시장의 대체 등과 같이 철강재에 대한 새로운 수요를 창출하기 위한 활동을 강화하였다. 이러한 활동을 기술적으로 뒷받침하기 위하여 맥주캔용 고경도 강재, 50kg/㎟급 건축용 내화강재, 60kg/㎟급 무도장 교량용 강재, 사무가구용 냉연강판 등이 잇따라 개발되었다. 또한 1998년부터는 구조용 강재의 강

HIPERS-21 프로젝트

HIPERS-21(High Performance Super Structural Steel for the 21st Century) 프로젝트는 차세대 구조용 강재를 개발하기 위한 대규모 프로젝트이다. 슈퍼스틸의 개발이 성공하면 동일한 높이의 건물에 필요한 중량이 절반으로 줄어들며 높이 1,000미터의 초고층 빌딩을 건축하는 것도 가능해진다. 또한 슈퍼스틸은 합금원소의 사용을 최대한 억제하고 있기 때문에 리사이클링이 보다 용이하게 되어 환경보전에도 크게 공헌할 것이다. HIPERS-21 프로젝트는 정부의 지원을 바탕으로 총 1,000억 원을 투입하여 1998년부터 10년에 걸쳐 추진되고 있다.

도와 수명을 두 배로 향상시키기 위하여 차세대 구조용 강재 개발사업인 HIPERS-21 프로젝트가 추진되고 있다.

환경규제가 전세계적으로 강화되는 추세를 맞이하여 환경친화적인 경영관리와 기술개발을 촉진하는 것도 매우 중요한 과제로 부상하였다. 차세대 혁신철강기술이나 신강재 개발은 환경규제에 대응하는 차원에서 보다 적극적으로 추진되고 있으며 에너지 효율의 향상, 오염물질 배출의 최소화, 부산물 재활용의 강화 등을 위한 청정기술의 개발에도 집중적인 투자가 이루어지고 있다. 포항제철은 1995년에 철강제품을 환경친화적 방법으로 생산한다는 '포스코 환경 방침'을 제정한 후 최신 집진기술, 폐산(廢酸) 회수기술, 배출수 재이용기술, 휘발성 유기화합물 처리기술, 슬래그 활용기술 등을 개발하였다. 또한 1999년 12월에는 '생산공정 오염물질 발생 제로,

▶ 스틸하우스

에너지 사용량 10% 이상 절감, 폐기물 자원화율 세계 최고'를 목표로 2000~2004년의 5년간 환경 부문에만 3조 원을 투입한다는 환경경영전략이 수립되었다. 그것은 포항제철이 1999년까지 환경개선에 투자한 금액인 1조 9,621억 원을 크게 능가하고 있다.

이처럼 1990년대에는 조업기술과 제품기술을 발전시키기 위한 활동이 더욱 본격화되었으며 1990년대 중반부터는 기술혁신의 영역을 확대하는 작업도 전개되었다. 포항제철의 종합적인 기술경쟁력과 관련하여 설비경쟁력과 조업경쟁력은 선진국의 철강업체에 비해 우위에 있지만 제품기술과 환경기술의 측면에서는 세계 최고 수준에 비해 다소 열위에 있는 것으로 평가되고 있다. 우수한 설비의 구성이나 조업생산성의 제고와 같은 영역에 비해 고급강 생산비율의 증가, 수요창출 활동의 가속화, 환경친화적 생산체제의 정립 등에서는 아직도 많은 기술혁신의 여지를 가지고 있는 것이다.

5부 에필로그

13

i r o n a n d s t e e l

한국 철강산업의 과제

우리나라의 대표적 철강업체인 포항제철과 인천제철은 2002년 3월과 2001년 8월에 포스코와 INI 스틸로 이름을 바꾸었다. 새로운 환경변화에 적극 대응하여 세계 일류의 기업으로 거듭나겠다는 포부를 담은 것이다.

생산량의 측면에서 최근 우리나라 철강산업이 보여주는 성적표는 화려하다. 우리나라는 1993년 이후에 세계 6위의 철강국으로 부상했으며 2002년에는 세계 5위를 기록했다. 포스코는 1998~1999년 세계 1위, 2000년 세계 2위, 2001년 세계 1위에 이어 2002년에는 세계 3위가 되었다. INI 스틸도 2001년에 663만 톤을 생산하여 세계 30위를 기록했으며 2002년에는 733만 톤을 생산하여 세계 26위로 올라섰다.

세계 각국의 철강업체들은 1990년대 중반 이후에 기업간 통합을 본격적으로 추진해 왔다. 특히 대형업체의 통합으로 인하여 세계 철강업체의 순위가 빈번히 뒤바뀌는 양상을 보이고 있다. 1997년에

(단위 : 백만 톤)

구분 / 순위	국가별순위				기업별순위			
	2002년		2001년		2002년		2001년	
	국가명	생산량	국가명	생산량	기업명	생산량	기업명	생산량
1위	중 국	181.6	중 국	150.9	Arcelor (룩셈부르크)	44.0	POSCO	27.8
2위	일 본	107.7	일 본	102.9	Lippon Steel (일본)	30.9	Lippon Steel	25.8
3위	미 국	92.2	미 국	90.1	POSCO (한국)	28.9	Arcelor (룩셈부르크)	23.4
4위	러시아	59.8	러시아	59.0	LNM Group (네덜란드)	27.5	Usinor (프랑스)	20.1
5위	한 국	45.4	독 일	44.8	Sanghai Baosteel (중국)	19.5	LNM Group	19.2
6위	독 일	45.0	한 국	43.9	TKS(독일)	17.0	Sanghai Baostee	l19.1
7위	우크라이나	33.4	우크라이나	33.1	Corus(영국)	16.8	Corus	17.7
8위	브라질	29.6	브라질	27.3	NKK(일본)	16.5	TKS	16.5
9위	인도	28.8	인도	26.7	Riva(이탈리아)	15.2	Riva	15.0
10위	이탈리아	26.1	이탈리아	26.5	US Steel(미국)	14.4	NKK	13.1

▲ 표12 철강생산량의 국가별 · 기업별 세계 순위

는 독일의 티센과 크루프가 TKS(Thyssen Krupp Stahl)로 합병되었으며, 1999년에는 브리티시 스틸(British Steel)이 코러스(Corus)로, 보산강철(寶山鋼鐵)이 상해보강(上海寶鋼)으로 거듭났다. 또한 2002년에는 프랑스의 유지노(Usinor), 룩셈부르크의 아베드(Arbed), 스페인의 아세랄리아(Aceralia)가 합병하여 초대형 철강사인 아셀로(Arcelor)로 새롭게 출범하였다. 일본에서는 2002년에 가와사키제철과 일본강관이 합병하여 JFE Holdings로 출범했으며 미국에서도 유에스 스틸을 중심으로 거대 철강사가 출현할 가능성이 논의되고 있다. 이와 같은 대통합의 움직임에는 불필요한 과잉설비를 해소하고 생산체제의 전문화를 통해 경쟁력을 강화시키겠다는 의도가 깔려 있다.

그렇다면 이러한 경쟁환경의 변화에 직면하여 우리나라의 철강산업은 어떤 방향으로 발전해야 할까? 몇 가지 핵심적인 과제를 제안해 보면 다음과 같다.

첫째, 한국의 철강업계는 과도한 설비확장을 피해야 하며 적절한 구조조정을 모색해야 한다. 그것은 우리나라 철강산업 전체의 경쟁력을 제고시킨다는 차원에서 매우 중요한 과제이다. 특히 경쟁력이 떨어지는 비효율적인 설비나 노후설비를 정리하고 기업간 통합이나 사업교환을 통하여 생산을 전문화시키는 작업이 진척되어야 할 것이다.

둘째, 생산제품의 부가가치를 높여 철강산업의 성장잠재력을 강화시켜야 한다. 우리나라의 경제구조가 고도화됨에 따라 전체적인 철강수요는 둔화되는 경향을 보이고 있지만 고급강에 대한 수요는 점점 늘어날 것이다. 단순한 생산규모의 확대를 지양하고 고급강의 생산비중을 높여 적정 수준의 생산으로 최대 이익을 실현할 수 있는 구조를 확립해야 한다.

셋째, 철강제품에 대한 새로운 수요를 창출하는 것도 중요한 과제이다. 우리나라에는 철강재에 대한 새로운 수요를 창출할 여지가 많은 편이며 다른 국가에 앞서 신제품을 개발한다면 세계시장을 선점하는 것도 가능하다. 철강업계와 수요업계가 전략적인 관계를 구축하여 새로운 철강수요를 창출하고 이에 적합한 철강재를 공동으로 개발하는 노력이 뒤따라야 한다.

넷째, 철강산업의 환경친화성을 강화해야 한다. 철강산업은 다량의 에너지 사용이 불가피하기 때문에 환경규제가 본격적으로 강화되면 환경문제가 철강산업의 국제경쟁력을 좌우하는 중요한 요소가 될 것이다. 철강재의 제조에서부터 최종제품의 이용에 이르는 전(全) 과정평가의 관점에서 환경친화적 체제를 구축하는 데 적극적인 노력을 기울여야 한다.

다섯째, 차세대 혁신철강기술의 개발과 상용화를 가속화해야 한다. 차세대 혁신철강기술은 생산비 절감, 수익성 증가, 환경비용 절감 등의 측면에서 획기적인 돌파구가 될 것으로 기대되고 있다. 그것을 적기에 개발하지 못할 경우에는 점차 국제경쟁력을 상실하게 될 것이다. 여기에는 많은 시간과 비용이 소요되므로 철강업계의 지속적인 노력과 정부의 적극적인 지원이 필요하다.

이상의 과제는 모두 기술혁신과 관련되어 있다. 이렇듯 우리나라 철강산업의 미래가 기술혁신에 달려 있다고 해도 과언이 아니다.

사실상 우리나라의 산업구조가 선진국과 유사한 단계에 진입하고 있는 상황에서는 새로운 산업을 육성하는 것 못지않게 철강산업과 같은 기존 산업의 경쟁력을 강화하는 것이 매우 중요한 과제로 부상하고 있다. 더구나 최근의 철강산업은 획기적인 기술변화를 잇달아 경험하고 있으며 이러한 경향은 앞으로 더욱 가속화될 전망이다. 또한 철강산업은 기간산업의 성격을 띠고 있기 때문에 철강산업의 경쟁력 약화는 우리나라 산업 전체의 경쟁력 약화로 이어지게 된다.

따라서 철강산업은 '옛날 산업'이라는 인식을 불식하고 기술혁신을 중심으로 철강산업의 질적 발전을 추구해야 한다. 30여 년의 짧은 기간에 세계 철강산업의 주역으로 부상한 우리나라에게 또 한 번의 도전이 기다리고 있다.

참고문헌

고려대 경제연구소, 『철강공업 발전패턴의 국제비교분석』, 1983.

권오준, 「도전을 넘어 세계의 중심으로: 철강」, 장호남 외, 『21세기를 지배하는 10대 공학기술』, 김영사, 2002.

권영기, 「박태준의 포철 장기집권」, 『월간조선』 1991년 4월호.

곽상경 외, 『포항제철과 국민경제』, 수정당, 1992.

김윤형, 『한국철강공업의 성장』, 한국개발연구원, 1976.

김인영, 『박태준보다 나은 사람이 되시오』, 자작나무, 1995.

김재관, 「종합제철의 잉태와 탄생」, 『經友』 제5호, 1989.

김정렴, 『한국 경제정책 30년사: 김정렴 회고록』, 중앙일보사, 1992.

김호섭, 「초기철강산업정책의 결정과정과 국가개입의 특성」, 강민 외, 『국가와 공공정책』, 법문사, 1991.

류상영, 「한국산업화에서의 국가와 기업의 관계: 포항제철과 국가자본주의」, 연세대 박사논문, 1995.

민병문, 「세계 속의 철강한국」, 『신동아』, 1981년 4월호.

박우희 · 배용호, 『한국의 기술발전』, 경문사, 1996.

박태준, 「박태준 회고록: 불처럼 살다」, 『신동아』, 1992. 4~1992. 8.

백덕현, 『포항제철의 위치와 경쟁력』, 산업과학기술연구소, 1992.

변형윤, 「한국 철강공업의 기술축적 : 포항제철을 중심으로」, 『경제논집』 제19권 2호, 1980.

산업과학기술연구소, 『철강기술』 총8권, 1992.

산업과학기술연구소, 『POSCO 기술개발체제 정립방안에 관한 연구』, 1993.

산학경영기술연구원, 『世方化 환경에 대응한 산학협동의 전략과 과제』, 1999.

서울대 사회과학연구소, 『민족, 인간 그리고 세계: 포항제철의 기업문화와 이념』, 오롬시스템 출판부, 1992.

송성수, 『철강산업의 기술혁신패턴과 전개방향』, 과학기술정책연구원, 1999.

송성수, 『한국 철강산업의 기술능력 발전과정: 1960~1990년대의 포항제철』, 서울대 박사논문, 2002.

송성수, 「기술능력 발전의 시기별 특성: 포항제철 사례연구」, 『기술혁신연구』

제10권 1호(2002).
안상기 편, 『(세계 政財界 인사들이 말하는) 우리친구 박태준』, 행림출판, 1995.
양호석 외, 『한 · 일 철강산업의 발전패턴 및 국제경쟁력 비교분석』, 산업연구원, 1989.
오원철, 『한국형 경제건설: 엔지니어링 어프로치』 제1~6권, 기아경제연구소, 1995~1997.
오효진, 「박태준: 포항제철 회장」, 『정상을 가는 사람들』, 조선일보사 출판국, 1987.
유영을, 「박태준과 포철왕국」, 『신동아』 1988년 7월호.
유영을, 「포철 회장 김만제 파워의 비밀」, 『신동아』 1994년 4월호.
윤현순, 「21세기 혁신철강기술의 개발 전망」, 『철강보』 제24권 9호, 1998.
이구택, 「또 다른 신화에 도전하는 철강산업」, 서정욱 외, 『세계가 놀란 한국 핵심산업기술』, 김영사, 2002.
이대환 엮음, 『노벨동산의 신화』, 출판시대, 1997.
이일옥, 「혁신철강기술 개발과 그 영향」, 『철강보』 제25권 6호, 1999.
이진주, 『자본재 산업의 기술혁신을 위한 새로운 정책방향 정립에 관한 연구』, 생산기술연구원/산업연구원, 1996.
이호, 『누가 새벽을 태우는가: 박태준 鐵의 이력서』, 자유시대사, 1992.
이호 엮음, 『신들린 사람들의 합창: 포항제철 30년 이야기』, 한송, 1998.
임종원, 『철강산업의 경쟁과 협력』, 서울대 출판부, 1991.
조용경 엮음, 『각하! 이제 마쳤습니다: 靑巖 朴泰俊 글모음』, 한송, 1995.
정명식, 「모든 것이 최초였던 '철강 중흥'의 첫 삽」, 한국엔지니어링진흥협회 편, 『한국 엔지니어링의 태동』, 2001.
최형섭, 『불이 꺼지지 않은 연구소』, 조선일보사, 1995.
최형섭, 『기술창출의 원천을 찾아서』, 매일경제신문사, 1999.
최홍섭, 『한국의 CEO 20: 그들은 어떻게 CEO가 되었을까』, 더난출판사, 2000.
포스코 경영기획실, 『소리 없이 세상을 움직입니다: 민영 포스코, 그 변화와 도전』, 2001.
포스코경영연구소, 『21세기 철강산업, 생존전략은 무엇인가』, 1996.
포스코경영연구소, 『뉴 밀레니엄 철강산업의 도전과 기회』, 한국철강신문, 2000.

포스코 PI 프로젝트 추진팀, 『포스코 멈추지 않은 진화』, 21세기북스, 2002.
포항공과대학교, 『포항공대 10년사』, 1997.
포항산업과학연구원, 『포항산업과학연구원 10년사』, 1997.
포항제철, 『포항제철 10년사』, 1979.
포항제철, 『포항제철 20년사』, 1989.
포항제철, 『언론에 비친 포항제철 20년』, 1989.
포항제철, 『포항제철 조직관리의 지침: 노사관계를 중심으로』, 1991.
포항제철, 『4반세기 제철대역사의 완성: 국내 · 외에서 본 포항제철의 성공요인』, 1992.
포항제철, 『영일만에서 광양만까지: 포항제철 25년사』, 1993.
포항제철, 『제철설비기술백서(1913-1994)』, 1994.
포항제철, 『녹색경영철학과 그 실천』, 1995.
포항제철, 『포항제철 30년 발자취: 1968-1998』, 1998.
포항제철, <포스코신문>, 각호.
포항제철 제강부, 『제강 25년』, 1998.
한국과학기술연구원, 『KIST 30년사: 창조적 원천기술에의 도전』, 1998.
한국산업은행, 『한국의 산업』, 각년도.
한국철강신문, 『기초철강지식』, 1996.
한국철강신문, <한국철강신문>, 각호.
한국철강신문 · 한국철강협회, 『철강연감』, 각년도.
한국철강협회, 『21세기 한국철강산업의 발전방향과 POSCO의 성장전략에 관한 연구』, 1999.
한국철강협회, 『철강통계연보』, 각년도.

Abe, E. and Y. Suzuki (eds.), *Changing Patterns of International Rivalry: Some Lessons from the Steel Industry*, Tokyo: University of Tokyo Press, 1991.
Amsden, A.H., *Asia's Next Giant: South Korea and Late Industrialization*, New York: Oxford University Press, 1989 [국역: 이근달 옮김, 『아시아의 다음 거인: 한국의 후발공업화』(시사영어사, 1989)].
D'Costa, A.P., *The Global Restructuring of the Steel Industry: Innovations,*

Institutions and Industrial Change, London: Routledge, 1999.

Hafsi, T. and H. Thomas, "Understanding Strategic Decision Processes in State-owned Enterprises", J. McGee and H. homas (eds.), *Strategic Management Research: A European Perspective*, New York: John Wiley & Sons, 1986.

Hogan, W.T., *Steel in the 21st Century: Competition Forces a New World Order*, Lexington, MA: Lexington Books, 1994 [국역: 이재학 옮김, 『21세기 철강: 경쟁을 통한 21세기 철강산업 재편 전망』(광장서적출판부, 1996)].

Howell, T., et al., *Steel and the State: Government Intervention and Steel's Structural Crisis*, Boulder and London: Westview Press, 1988.

Innace, J.J. and A. Dress, *Igniting Steel: Korea's POSCO Lights the Way*, New York: Global Village Press, 1992 [국역: 김원석 옮김, 『세계는 믿지 않았다: 포항제철이 길을 밝히다』(에드텍, 1993)].

POSCO, *POSCO Viewed from Foreign News Media*, 1989.

POSCO, *POSCO I Visited: Its Secrets of Success*, 1992.

Seo, K.K., *The Steel King: The Story of T.J. Park*, New York: Simon & Schuster, 1997 [국역: 서갑경 지음, 윤동진 옮김, 『최고기준을 고집하라: 철강왕, 박태준의 경영이야기』(한국언론자료간행회, 1997)].

Yonekura, S., *The Japanese Iron and Steel Industry, 1850-1990: Continuity and Discontinuity*, New York: St. Martin's Press, 1994.

Zahra, S., et al., "Technological Choices within Competitive Strategy Type: A Conceptual Integration", *International Journal of Technology Management*, Vol. 9, No. 2 (1994).

有賀敏彦 外, 『浦項綜合製鐵の建設回顧錄: 韓國への技術協力の記錄』, 東京: 三元堂, 1997.